# 灌区节水改造环境效应及评价方法

冯绍元　刘　钰　邵东国　倪广恒　霍再林　毛晓敏 等 著

科学出版社

北京

# 内 容 简 介

　　本书是在国家"十一五"科技支撑计划课题"灌区节水改造环境效应及评价方法研究"成果的基础上整理而成的。主要内容包括灌区节水改造对农田水循环的影响、灌区节水改造对农业水土环境的影响、灌区节水改造对水肥利用的影响及其调控技术、灌区节水改造环境效应的评价方法、基于生态健康和环境友好的灌区节水改造模式。本书所涉及的内容反映了目前灌区节水改造环境效应及评价方法的最新研究进展。

　　本书可供农业水土环境、农业水文学、节水灌溉、农业水资源等方面的专业技术人员参考。

**图书在版编目(CIP)数据**

灌区节水改造环境效应及评价方法 / 冯绍元等著.—北京:科学出版社,2012

ISBN 978-7-03-034883-8

Ⅰ.①灌… Ⅱ.①冯… Ⅲ.①灌区-节约用水-环境效应-研究 Ⅳ.①S274.1

中国版本图书馆 CIP 数据核字(2012)第 128919 号

责任编辑:沈　建／责任校对:包志虹
责任印制:张　倩／封面设计:耕者设计工作室

**科学出版社** 出版
北京东黄城根北街 16 号
邮政编码:100717
http://www.sciencep.com

**骏杰印刷厂** 印刷
科学出版社发行　各地新华书店经销
\*
2012 年 6 月第　一　版　　开本:B5 (720×1000)
2012 年 6 月第一次印刷　　印张:13
字数:251 000
**定价:60.00 元**
(如有印装质量问题,我社负责调换)

# 前　言

　　大型灌区是我国重要的规模化农业和商品粮生产基地,也是我国农业、农村乃至国民经济发展的重要基础设施,还是广大农民增收致富、改善生活水平、提高生活质量的重要支撑条件。然而,我国的灌区2/3以上建于20世纪50~70年代,其建设标准较低,水资源利用效率偏低。国家发改委和水利部已将改造大型灌区作为农村水利工作的重中之重,从第十个五年计划开始,计划分三期安排总投资1793亿元,用15年左右的时间基本完成全国大型灌区续建配套与节水改造任务。其核心是以节水增效为中心,通过采取工程、农业和管理等措施对灌区进行综合改造,提高灌溉水的利用效率和水分生产效率,实现灌区水资源的优化配置和高效利用,为国民经济和农业可持续发展、农村经济繁荣和生态环境改善提供支撑与保障。

　　长期以来,我国在传统的灌区节水改造工程中,主要采用工程措施对渠系进行衬砌,对泵站进行升级改造,对闸坝进行维修加固,改变和改善田间灌溉方法,而忽略灌区节水改造工程对土壤与地下水环境和农田生态造成的影响。在灌区水资源配置方面,也是主要考虑农业生产用水,而对生态环境用水重视不够,致使灌区出现植被衰退、地下水位降低、荒漠化加剧、土壤环境退化等严重的生态环境问题。

　　为了探讨灌区节水改造的环境效应,在"十一五"国家科技支撑计划"大型灌区节水改造的关键技术与示范"项目中设置了课题"灌区节水改造的环境效应及评价方法",由中国农业大学、中国水利水电科学研究院、武汉大学、清华大学共同承担。该课题以西北干旱内陆区石羊河灌区、叶尔羌灌区,湖北漳河灌区,引黄灌区之内蒙古河套灌区、山东位山灌区和北京大兴井灌区为研究区域,开展了渠道衬砌对农田水盐影响的试验与模拟研究、(微)咸水节水灌溉对土壤环境影响及作物(春小麦、夏玉米)响应的田间试验研究;对典型灌区节水改造下农田土壤、地下水(盐)进行了定位监测;开展了节水灌溉对农田环境及水肥利率的影响田间及测筒试验;初步构建了灌区节水改造环境效应评价指标体系;改进了平原绿洲四水转化模型。通过上述研究,得到了渠道不同衬砌形式对农田土壤水分的影响过程,(微)咸水节水灌溉条件下农田土壤水分动态及盐分累积特征,渠道衬砌条件下土壤盐分积累及地下水动态规律;获得了农田水肥利用率对灌区节水改造的响应规律,构建了适合灌区水量转化及作物产量模拟的修正SWAT模型,并以湖北漳河灌区为例对模型进行了率定和验证;构建了考虑灌区水环境、农田土壤环境、灌溉系统效率、农田小气候、植被与生物多样性及社会生态环境意识的灌区节水改造环境效应评价指标体系;完善了灌区四水转化模型,并对叶尔羌灌区和位山灌区进行了不同水资源开发利用情景模拟。

　　参加该项研究的有:中国农业大学的冯绍元、毛晓敏、霍再林、蒋静、王永胜、孙振华、赵志才、秦俊桃、王春颖、陈剑、孙美、姚立强、王莹莹、孙月;中国水利水电科学研究院的刘钰、雷波、杜丽娟、蔡甲冰、王蕾、彭致功、张宝忠;武汉大学的邵东国、崔远来、孙春敏、王洪强、王建鹏、柴明正、顾文权;清华大学的倪广恒、丛振涛、尚松浩、杨汉波、杨红娟等。

　　各章编写人员如下:

第1章　冯绍元　霍再林

第2章　毛晓敏　王春颖　陈　剑　孙　美　姚立强　王莹莹　孙　月

第3章　霍再林　冯绍元　蒋　静　孙振华　王永胜　赵志才　秦俊桃

第4章　邵东国　崔远来　孙春敏　王洪强　王建鹏　柴明正　顾文权

第5章　刘　钰　雷　波　杜丽娟　蔡甲冰　王　蕾　彭致功　张宝忠

第6章　倪广恒　丛振涛　尚松浩　杨汉波　杨红娟

第7章　冯绍元　霍再林

本书由冯绍元、刘钰、邵东国、倪广恒、霍再林、毛晓敏等负责整理统稿。

　　由于研究者水平和时间所限,所取得的成果仅是灌区节水改造环境效应及评价方法的若干个方面,对部分问题的认识和研究还有待于进一步深化,不足之处在所难免,恳请同行专家批评指正。

# 目　　录

# 第1章 绪 论

## 1.1 研究背景与意义

大型灌区是我国重要的规模化农业和商品粮生产基地,也是我国农业、农村乃至国民经济发展的重要基础设施,还是广大农民增收致富、改善生活水平、提高生活质量的重要支撑条件。我国现有 349 处灌溉面积在 30 万亩以上的大型灌区,累计有效灌溉面积 2.35 亿亩,约占全国有效灌溉面积的 30% 和全国耕地的 1/8。这些大型灌区生产了占全国总量 1/4 左右的粮食,创造了占全国总量 1/3 以上的农业生产总值,养育了占全国 1/5 的人口,提供了占全国 1/7 以上的工业及城市生活用水,此外,大型灌区内的人均粮食产出量超过 600kg,远高于全国平均水平,且每年向城镇供水超过 258 亿 $m^3$,受益人口 2 亿多人。2004 年,大型灌区的供水量达到 1865 亿 $m^3$,约占全国供水总量的 1/3,灌溉用水量达到 1373 亿 $m^3$,约为全国灌溉用水总量的 38%。由此可见,大型灌区不仅是我国重要的规模化农业和商品粮生产基地,还是我国供水的主要来源,具有巨大的节水潜力。

基于大型灌区在我国粮食生产中占有的重要地位和在节水型社会建设中存在的巨大节水潜力以及对解决"三农问题"所起的重大支撑作用,党中央和国务院高度重视灌溉事业的发展和大型灌区以节水为中心的续建配套与技术改造工作。在《中华人民共和国国民经济和社会发展第十一个五年规划纲要》中明确指出,坚持把发展农业生产力作为建设社会主义新农村的首要任务,同时,将大型灌区续建配套和节水技术改造工作作为建设社会主义新农村的重点任务之一。

国家发改委和水利部已将改造大型灌区作为农村水利工作的重中之重,从第十个五年计划开始,计划分三期安排总投资 1793 亿元,用 15 年左右的时间基本完成全国大型灌区续建配套与节水改造任务,其核心是以节水增效为中心,通过采取工程、农业和管理等措施对灌区进行综合改造,提高灌溉水的利用效率和水分生产效率,实现灌区水资源的优化配置和高效利用,为国民经济和农业可持续发展、农村经济繁荣和生态环境改善提供支撑与保障。仅"十一五"期间,国家已累计安排投资 314 亿元对 408 处大型灌区进行续建配套与节水改造工程建设。灌区节水改造对缓解我国水资源日益紧缺的局面、提高我国农业生产经济效益、改善区域生态环境质量和实现灌区的可持续发展,无疑具有十分重要的作用。

　　但是,长期以来,我国在传统的灌区节水改造工程中,主要采用工程措施对渠系进行衬砌,对泵站进行升级改造,对闸坝进行维修加固,改变和改善田间灌溉方法,而忽略灌区节水改造工程对土壤与地下水环境和农田生态造成的影响。在灌区水资源配置方面,也是主要考虑农业生产的用水,而对生态环境用水重视不够,致使灌区出现植被衰退、地下水位降低、荒漠化加剧、土壤环境退化等严重的生态环境问题。事实表明,大型灌区节水改造过程中,由于水源调配的改变、渠系工程布局的调整、渠道的衬砌防渗、田间土地的平整、节水灌溉方式的改进和农业种植结构的调整等一系列工程与农艺措施相继完成及其不断地完善,其后的长期运行与管理必将对灌区土壤与地下水环境和农田生态状况产生重要的影响。因此,研究灌区节水改造环境效应及其评价方法,对保障和促进灌区水资源可持续利用和农业生产可持续发展具有重要的现实应用价值和深远的战略意义。

　　为了保障大型灌区续建配套与节水改造工程任务的顺利实施,减少灌区节水改造对环境与农田生态的不利影响,促进灌区水资源的可持续利用和灌区农业生产可持续发展,开展相关的研究不仅十分必要,而且研究所形成的技术成果在我国灌区节水改造过程中及其以后的运行与管理过程中具有广阔的应用前景,并且必将会产生巨大的环境效益、社会效益和经济效益。

## 1.2　研究目标、内容与技术路线

### 1.2.1　研究目标

　　本研究的目标是通过研究节水改造对灌区水循环及生态环境的影响机理与过程、建立灌溉水利用率与水分生产率对灌区节水改造的响应模型、构建节水改造环境效应评价方法与指标体系,提出基于灌区生态健康与环境友好的节水改造模式及控制阈值,为合理评价灌区节水改造的环境效应、促进灌区水资源可持续利用和农业生产可持续发展提供科学依据和技术支撑。

### 1.2.2　研究内容

　　1. 灌区节水改造对农田水循环的影响

　　研究典型灌区节水改造对渠道渗漏、农田土壤水分动态、浅层地下水补给影响因素、作用过程、影响范围和结果;以典型区域为例,研究农业节水对地下水动态的影响。

2. 灌区节水改造对农业水土环境的影响

研究咸水灌溉条件下,农田土壤水盐动态及作物响应规律,制定合理的咸水节水灌溉制度,研究典型灌区节水灌溉条件下,土壤和浅层地下水中盐分运移规律与积累特征;分析灌区节水改造对土壤和浅层地下水中盐分动态的影响因素。

3. 灌区节水改造对水肥利用率的影响及其调控技术

研究田间尺度不同水稻节水灌溉模式对水分利用效率、灌溉水生产率及主要肥料养分(氮)利用率的影响;探讨灌溉系统或灌区尺度农田水分利用效率及灌溉水生产率对灌区不同节水改造方案的响应;分析灌区节水改造后的田间水肥运动规律和不同水肥灌排调控模式对水稻生长、产量及其水肥利用率的影响;研究水肥高效利用优化调控模型与临界条件。

4. 灌区节水改造环境效应的评价方法

分析灌区节水改造环境影响因素间的相互关系,筛选关键因子,构建灌区节水改造环境影响评价指标体系;采用多目标综合分析方法评价灌区节水改造的环境效应,并构建基于层次分析理论的灌区节水改造综合效应评价模型;利用现代测试与信息技术(如 3S 技术等)监测和采集环境因子数据,确定监测点的空间和时间分布和采集方法;研制能够表示不同类型灌区节水改造环境影响评价方法和结果的开放式综合评价信息系统。

5. 基于生态健康和环境友好的灌区节水改造模式

开展生态健康与环境友好的合理地下水位、适宜渠系防渗系数与灌溉水利用系数等的定量研究;研究与灌区有关的生态健康与环境友好的相关标准;提出基于生态健康与环境友好的灌区节水改造模式,形成相应技术指南。

## 1.2.3 技术路线

分别选择我国西北、华北和南方地区代表性灌区(甘肃石羊河灌区、新疆叶尔羌河平原绿洲灌区、山东位山灌区和湖北漳河水库灌区),通过现代技术手段获取土壤与地下水环境和农田生态等主要环境要素的现状特征及其动态变化;布置土壤与地下水环境和农田生态的观测站(点),分析环境要素变化与灌区节水改造之间的相关关系和内在影响机理,建立能够反映灌区节水改造对土壤与地下水环境和农田生态主要影响的评价指标体系,并采用多种方法进行灌区节水改造环境效应的综合评价。在此基础上,提出基于灌区生态健康和环境友好的节水灌区节水改造模式、农田面源污染临界调控技术和减少灌区节水改造对生态环境不利影响的有效对策与措施。

　　本研究以野外考察和定位试验为基础,辅以资料收集与分析,实行理论与实践相结合,侧重规律性的探讨和理论上的提高。灌区节水改造的环境效应及其评价方法研究是一个复杂的问题,本研究在总结国内外已有成果的基础上,进行资料收集分析整理和野外定位试验研究,为理论分析打好基础。理论分析的重点是内在关系和定量规律的分析,抓住若干技术难点,进行重点突破。在理论分析与技术研究方面,实现经验性、概念性和机理性模型与分析相结合。在探讨定量规律时,以机理性的数学物理模型与分析为主;同时根据不同问题的特点和应用需要,重视研究物理概念明确、使用方便的概念性模型模拟技术和经验性公式。机理研究与应用研究相结合,围绕灌区节水改造实际中的问题,既注重土壤与地下水环境和农田生态效应机理的探讨,探索其科学规律,更重视灌区节水改造环境效应宏观特征的分析,研究其技术的应用前景。

## 1.3　相关研究主要进展

### 1.3.1　灌区节水改造的环境效应

　　农田水环境中的物质迁移涉及了土壤-植物-大气系统中的水分、溶质(养分)输运等方面的内容,在农业、水资源、环境等领域都起着重要的作用。20 世纪 80 年代后期,张瑜芳、蔡树英等将数值模拟应用于区域水盐预测预报,使我国的农田土壤水盐运动研究进入了一个新的阶段[1,2];陈亚新等通过室内实验模拟了灌区水-土环境中的地下水与土壤盐渍化关系并进行了动态模拟,但由于参数的空间变异性和尺度效应等问题,其模型难以应用于区域性的水盐动态预测预报[3]。近年来,农田土壤中的水盐动态变化特征和运移机制研究一直是人们关注的重点。随着对土壤中水盐运动、养分、污染物迁移等方面研究的不断深入,许多学者在力求揭示土壤水盐运动规律的同时,建立各种水盐模型来定量分析水盐的运移,以预报农田土壤水盐动态的变化过程。建立适合于区域农田土壤水盐运移特征的动态模型仍然是土壤水盐运移研究的重点和难点问题。

　　随着计算机技术的飞速发展,各种灌区灌溉管理模型不断完善,如 SWAP 模型、SWAT 模型,MODFLOW 模型等,已经有大量的研究成果,其中分布式水文模型得到了广泛的应用。SWAT 模型是一个具有物理基础的分布式水文生态评价模型,可以长时间、连续模拟和预测复杂的流域在不同土壤类型、不同土地利用和管理条件下的水分、农业化学物质流失及产量等的影响。崔远来等利用 SWAT 模型对灌区水平衡过程及水稻产量进行了模拟,但在北方干旱、盐渍化灌区的应用很少[4]。MODFLOW 是不同尺度地表水、地下水相互作用模拟中较好的模型之一,使人们对复杂的田间土壤水盐运移的研究成为可能。有关学者应用 Visual-MODFLOW 对干旱区(抽取地下水条件下的)长期微咸水灌溉对地下水环境的影响进行了研究,并将饱和-非饱和带作为一个完整系统,尝试将 MODFLOW 与 SWAP 模型耦合进行了水土环境效应预测评估研究[5]。目前,对于区域性的水文模拟计算问题,主要是在不同采样尺度下研究土壤特性及参数的空间变异性问题,通过空间变异性的研究,进行参数估计分布和分区,利用分布式模型方法,将研究区域分成若干个子区,在每一个子区内的输入或参数为一个确定量,利用一维水量平衡模型或水动力学(溶质运移)模型(如 SWAP 模型)进行土壤水、盐动态的模拟预测,最后将各子区结果进行综合,得到研究区域的土壤水盐的时空变化规律。

### 1.3.2 农田养分和盐分运移模拟

N、P、K 是植物生长必需的三大主要矿质营养元素。N 是构成蛋白质的主要成分,也是叶绿素的重要组成部分,P 是植物中核酸和蛋白质的主要成分,K 则影响植物对其他营养元素的吸收和转移。土壤 N 过多水稻易倒伏;土壤缺 P 水稻根少且短小,茎叶生长缓慢;土壤缺 K 水稻茎秆瘦小,易倒伏,易染赤枯病等。因此,N、P、K 的丰缺直接影响水稻植株的生长和最终光合产量的形成。由于在非充分灌溉条件下稻田水分相对较少、基质浓度较高,氮素的挥发损失会高于淹灌,同时,非充分灌溉条件下稻田渗漏液中浓度较淹灌高,但由于总渗漏量显著减少,N 的总淋失却较淹灌条件少。因此,非充分灌溉条件下水稻对氮素的吸收利用率高于淹灌,且有利于氮素养分向稻谷转移[4]。非充分灌溉条件下,对水稻磷素和钾素营养的试验研究发现,适当的水分亏缺可显著降低磷素的有效性,这是由于节水灌溉的土壤氧化还原电位较高,土壤中存在一些高价位的金属离子易与土壤中的速效磷反应,形成溶解度很低的化合物,从而降低 P 的有效性。但非充分灌溉能显著地增加水稻植株中的含 K 量,提高钾素营养有效性,从而提高水稻抗逆性和抗倒伏的能力[6]。因此,水稻节水灌溉可使得土壤肥力得以有效发挥,减少稻田养分流失,防控农田面源污染。

节水灌溉条件下土壤水、肥、盐迁移研究方面虽然过去进行了大量的工作,取得了不少研究成果[7~13],但到目前为止,对于大型灌区节水改造后,综合节水措施条件下的区域土壤水盐迁移变化及可能引起的环境问题的研究成果却鲜有报道。近年来,灌区节水工程实施后的土壤水盐、地下水变化动态得到了关注[14],但这些研究没有涉及具体的试验模拟和分区的模拟计算,研究成果有待进一步深化和完善。特别是对土壤水、肥、盐的时空迁移和地下水位、水质的动态变化过程缺乏系统的研究。将土壤水盐的动态变化和地下水位、水量和水质的变化作为一个研究整体进行研究得不够。在灌溉对环境影响方面,国内外近年来在节水灌溉及环境影响等方面成果大多偏重于对宏观水资源的可持续利用、节水灌溉的理论方法及农田节水灌溉对某些单方面的生态环境影响研究,而缺乏农田节水灌溉对环境的影响机理、农田节水与地表(地下)水水文循环变化规律、节水灌溉条件下地下水与土壤盐渍化关系机理以及考虑生态环境效应的农田水管理的系统全面的研究。因此,节水灌溉对农田生态环境的影响机理方面还需要进行深入的研究[15]。并且,由过去单纯的研究灌溉条件下的水盐运动,逐步转向各种农业化学物在土壤-地下水系统中运移规律的研究。尽管针对各种条件下土壤氮素的损失及其环境影响问题已有了较为深入的试验研究,构造了节水条件下土壤氮素损失及环境评价经验型模型[16],但模型还有一些不完善的地方,模型仅适用于节水条件下土壤无机氮素损失评价。

### 1.3.3　灌区节水改造环境效应的评价方法

　　灌区节水改造环境效应评价的目标不仅包括节水改造对灌区水环境、土环境、灌溉工程等影响,还包括对当地植被和生物多样性的影响以及对人的节水和环保意识方面的影响。在这些环境效应中,有些属于灌区尺度的影响,有些属于田间尺度的影响;有些是有正效应,有些是负效应;还有些属于定性方面的影响。如何将这些属于不同尺度、不同性质的环境效应进行评价和度量,并能够利用数值的形式表示出来,是个多目标综合评价问题。因此,灌区节水改造环境效应综合评价是指通过构建科学合理的评价指标体系,采用恰当的多指标综合评价方法来评价节水改造对灌区生态环境产生影响的综合效应。

　　传统的多指标综合评价方法主要包括主成分分析法、模糊数学评价法、ELECTRE法、线性规划法、层次分析法与数据包络分析法等。近年来人工神经网络和3S技术逐渐应用于评价方法研究中。环境效应的评价方法从简单的人工操作到应用计算机、GIS等先进技术手段,取得了长足的发展。近年来,许多学者对节水灌溉效应指标量化和评价方法作了大量的研究工作。

　　在指标量化方面,罗金耀提出了专家估测法和落影函数指标量化法[17]。侯维东等在井灌项目综合评价研究中结合灰色关联理论,对传统的层次分析法进行了一定程度的改进,采用改进的多层次综合评价方法将井灌项目的综合效益评价体系进行划分[18]。吴景社等采用专家评分法、Delphi法、层次分析和隶属度等方法对选取的评价指标进行非量纲化处理与检验[19]。

　　在评价方法方面,文献[20]中提出定性评价方法主要有判别法、一览表法、网络法等,定量评价方法有分级-加权一览表法、矩阵法、概率评分法和其他智能性评价方法人工神经网络等。罗金耀根据多目标模糊集理论,提出了节水灌溉系统模糊综合评价理论与模型,并对广西凭祥市万亩节水灌溉工程可能满意度和模糊多目标决策评价理论进行了评价[21]。郭宗楼等提出了灌排工程项目环境影响评价指标体系及其模型[22]。侯维东等利用改进的层次分析法和灰色关联法对山东省低压管道输水灌溉工程的综合效益进行了评价[18]。Angel Utset等用水文模型与地理信息系统(GIS)相结合的方法来评价灌溉对土壤盐化的影响[23]。郭宗楼等在前面研究的基础上对环境影响的评价方法进行了改进,建立了加权综合评价模型和人工神经网络模型[22]。刘增进等提出了节水灌溉项目环境影响因子识别及预测评价方法,建立了定量评价指标体系和模型[24]。张凡等应用生态环境系统指标体系方法,以"达标"指数、"平均达标"指数和"综合达标"指数预测工程开发后对生态系统影响的综合效应[25]。

## 参 考 文 献

[1] 张瑜芳,张蔚榛,沈荣开.排水农田氮素的运移、转化及流失规律的研究.水动力学研究与进展,1996,(3):251—260.

[2] 蔡树英,杨金忠.区域地下水盐动态预报方法的研究与展望//21 世纪农田水利学术研讨会论文集,1997:106—110.

[3] 陈亚新,史海滨.地下水与土壤盐渍化关系的动态模拟.水利学报,1995,(5):21—25.

[4] 崔远来,李远华,吕国安.不同水肥条件下水稻氮素运移与转化规律研究.水科学进展,2004,15(3):280—285.

[5] 杨树青,史海滨,等.微咸水灌溉条件下环境因子动态变化的预测.沈阳农业大学学报,2004,(z1),480—482.

[6] 吕国安,李远华,沙宗尧.节水灌溉对水稻磷素营养的影响.灌溉排水,2000,19(4):10—12.

[7] 冯绍元,张瑜芳,沈荣开.非饱和土壤中氮素运移与转化试验及其数值模拟.水利学报,1996,(8):8—15.

[8] 任理,秦耀东,王济.非均质饱和土壤盐分优先运移的随机模拟.土壤学报,2001,(1):104—113.

[9] 李久生,饶敏杰.喷灌施肥均匀性对冬小麦产量影响的田间试验评估.农业工程学报,2000,(6):38—42.

[10] 程先军,许迪.地下滴灌土壤水运动和溶质运移的数学模型及验证.农业工程学报,2001,(6):1—4.

[11] 许迪,程先军.地下滴灌土壤水运动和溶质运移数学模型的应用.农业工程学报,2002,(6):27—30.

[12] 王全九,王文焰,吕殿青,等.滴灌条件下土壤水盐运移特性的研究.农业工程学报,2000,(4):54—57.

[13] 屈忠义,陈亚新,史海滨,等.内蒙古河套灌区节水灌溉工程实施后地下水变化的BP模型预测.农业工程学报,2003,(1):59—62.

[14] 屈忠义,陈亚新,史海滨,等.地下水文预测中BP网络的模型结构及算法探讨.水利学报,2004,(2):88—93.

[15] 齐学斌,庞鸿宾.节水灌溉的环境效应研究现状及重点.农业工程学报,2000,16(4):

37—40.

[16]　王康，沈荣开. 节水条件下土壤氮素的环境影响效应研究. 水科学进展，2003，7：437—441.

[17]　罗金耀. 节水灌溉技术指标与综合评价理论及应用研究. 武汉：武汉水利电力大学，1997.

[18]　候维东，徐念榕. 井灌节水项目综合评价模型及其应用. 河海大学学报，2000，(3)：90—94.

[19]　吴景社，康绍忠，等. 节水灌溉综合效应评价指标的选取与分级研究. 灌溉排水学报，2004，23(5)：17—19.

[20]　World Bank. Environmental Assessment Sourcebook. Technical Report No. 140, Volume-II, 1991.

[21]　罗金耀，陈大雕. 节水灌溉工程模糊综合评价研究. 灌溉排水，1998，(2)：16—21.

[22]　郭宗楼，雷声隆，等. 灌排工程项目环境影响评价. 中国农村水利水电，1999，(5)：7—10.

[23]　Angel U, Matilde B. A modeling-GIS approach for assessing irrigation effects on soil salinization under global warming conditions. Agricultural Water Management, 2001, (50)：53—63.

[24]　刘增进，张治川，等. 节水灌溉项目环境影响评价. 节水灌溉，2003，(4)：1—3.

[25]　张凡，窦立宝. 区域性农业综合开发项目环境影响评价方法的研究. 农业环境与发展，2003，(5)：35—38.

# 第 2 章　灌区节水改造对农田水循环的影响

灌区节水改造主要包括渠道防渗及田间节水灌溉和综合用水管理措施等。这些节水改造措施的实施,势必造成农田水循环过程的变化,例如区域蒸散发、产汇流、渠道和灌溉水渗漏补给地下水过程等。由于灌区地下水位对控制土壤盐渍化、保护天然生态(对干旱地区)、从而建设生态健康的灌区具有重要意义,因此本章从渠道渗漏、灌区节水改造措施对区域地下水的影响两方面,研究了灌区节水改造对农田水循环的影响。

## 2.1　渠道渗漏对农田水循环的影响

渠道渗漏是造成农田灌溉水损失的重要原因。大量的渠道水渗漏导致灌溉效率过低,渠道周边地下水位上升,甚至引起土壤盐渍化、导致作物减产和环境恶化。在干旱地区,渠道水渗漏又是地下水的主要补给来源,对维持地下水位和天然生态具有一定作用。本节通过室内和现场试验,对多因素影响下的渠道渗漏过程进行了机理分析、数值模拟和经验公式总结,以期得到不同衬砌、不同渠床土质、不同地下水埋深影响下的渠道渗漏及其对地下水的补给规律,为合理进行渠道防渗、维持灌区地下水均衡和保护天然生态提供理论依据。

### 2.1.1　层状土入渗室内土柱试验及数值模拟

为研究层状土壤的入渗规律,在室内开展了均质和分层土柱一维薄层积水入渗试验(图 2.1)。对入渗率、湿润锋、累积入渗量、土壤含水率剖面的变化规律进行了观测与分析,探讨了均质和分层土壤水分入渗规律及夹砂层对土壤水分入渗的影响,并用 Hydrus-1D[1] 模型对土壤水分入渗过程进行了模拟。在此基础上,提出了针对层状夹砂土入渗的 S-Green-Ampt 模型[2] 和层状土稳渗率的饱和层最小通量法[3]。

1. 土柱入渗试验及其数值模拟

通过室内均质土柱薄层积水入渗试验和分层土柱薄层积水入渗试验,分析入渗率、累计入渗量、土柱剖面含水率随时间的变化规律,研究均质土壤和分层土壤水分入渗规律及含粒级较大的砂层对土壤水分入渗的影响。试验结果表明,均质土柱和分层土柱在入渗开始阶段入渗速率很大,随着入渗进行,入渗速率逐渐减

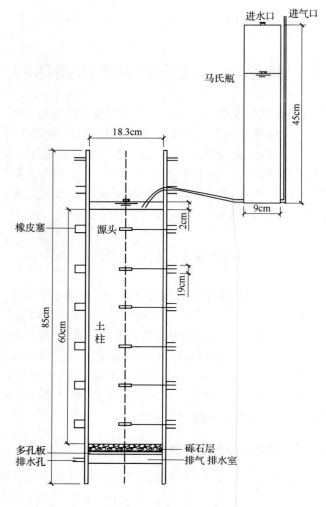

图 2.1　土柱入渗试验装置

小,入渗进行到一定时间后,入渗速率接近常数,即稳定入渗率。土柱中设置砂层可以将入渗的非线性过程转化为线性过程,使整个入渗过程转变为入渗率较小的稳渗阶段,具有一定的减渗作用。进一步用 Hydrus-1D 模型模拟了均质土柱和分层土柱的土壤水分入渗过程,与实测入渗资料作对比分析。结果表明,Hydrus-1D 模型模拟均质土柱和分层土柱入渗率、累积入渗量(图 2.2、图 2.3)、湿润锋(图 2.4、图 2.5)和土壤剖面含水量分布(图 2.5、图 2.7)有较高的精度。

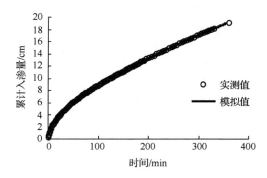

图 2.2　实测和 Hydrus-1D 模型模拟的均质土柱累计入渗量随时间变化

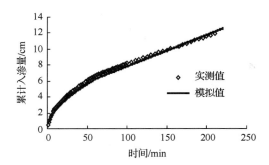

图 2.3　实测和 Hydrus-1D 模型模拟的分层土柱累计入渗量随时间变化

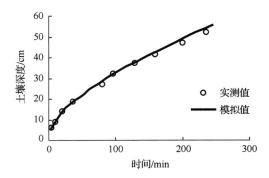

图 2.4　实测和 Hydrus-1D 模型模拟的均质土柱湿润锋随时间变化

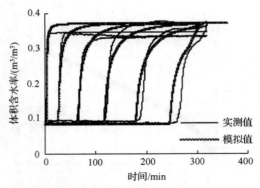

图 2.5　实测和 Hydrus-1D 模型模拟均质土柱探头含水率随时间变化

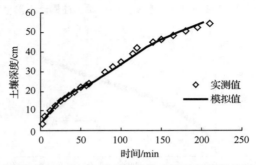

图 2.6　实测和 Hydrus-1D 模型模拟的分层土柱湿润锋随时间变化

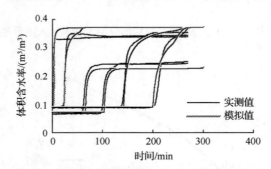

图 2.7　实测和 Hydrus-1D 模型模拟的分层土柱探头含水率随时间变化

**2. 层状夹砂土入渗的 S-Green-Ampt 模型**

根据试验和分析,建立了基于 Green-Ampt 模型[4]的针对层状夹砂土入渗模型(S-Green-Ampt 模型,简称 S-G-A 模型)如表 2.1 所示。为便于对照,表中同时列出了均质土入渗的 Green-Ampt 模型(简称 G-A 模型),以及韩用德等[5]得到的非均匀土壤剖面的 Green-Ampt 模型(H-Green-Ampt 模型,简称 H-G-A 模型)。结果表明(图 2.8、图 2.9),S-Green-Ampt 模型可以较准确地反映层状土入渗的机理和更好地模拟层状夹砂土的入渗过程。

**表 2.1　土壤入渗的 Green-Ampt 模型、H-Green-Ampt 模型和 S-Green-Ampt 模型对比**

| 模型 | 入渗率 $i$ | 累计入渗量 $I$ | 湿润锋面深度 $Z_f$-时间 $t$ 关系 |
|---|---|---|---|
| 均质土 Green-Ampt 模型 | $i=K_s(Z_f+S_f+H)/Z_f$ | $I=(\theta_s-\theta_0)Z_f$ | $t=\dfrac{\theta_s-\theta_0}{K_s}$ $\times\left[Z_f-(S_f+H)\ln\dfrac{Z_f+S_f+H}{S_f+H}\right]$ |
| 非均质土壤 H-Green-Ampt 模型 | $i=\overline{K}_s(Z_f+S_f+H)/Z_f$ | $I=\sum\limits_{j=1}^{M}D_j(\theta_{s,j}-\theta_{0,j})$ $+(Z_f-\sum\limits_{j=1}^{M}D_j)(\theta_{s,M+1}$ $-\theta_{0,M+1})$ | $t-t_M=\dfrac{\theta_{s,M+1}-\theta_{0,M+1}}{\overline{K}_s}$ $\times\left[(Z_f-D)-(S_f+H)\ln\dfrac{Z_f+S_f+H}{D+S_f+H}\right]$ |
| 层状夹砂土 S-Green-Ampt 模型 | 湿润锋进入夹砂层前： $i=K_{s,壤}(Z_f+S_f+H)/Z_f$ 湿润锋进入夹砂层后： $i=K_{s,壤}(D_壤+H)/D_壤$ | 湿润锋进入夹砂层前： $I=(\theta_{s,壤}-\theta_{0,壤})Z_f$ 湿润锋进入夹砂层后再次进入壤土层前： $I=(\theta_{s,壤}-\theta_{0,壤})D_壤+$ $(\theta_{st,砂}-\theta_{0,砂})(Z_f-D_壤)$ 湿润锋再次进入壤土层后： $I=(\theta_{s,壤}-\theta_{0,壤})D_壤+$ $(\theta_{st,砂}-\theta_{0,砂})D_砂+$ $(\theta_{s,壤}-\theta_{0,壤})(Z_f-D_壤$ $-D_砂)$ | 湿润锋进入夹砂层前： $t=\dfrac{\theta_{s,壤}-\theta_{0,壤}}{K_{s,壤}}$ $\times\left[Z_f-(S_f+H)\ln\dfrac{Z_f+S_f+H}{S_f+H}\right]$ （当 $Z_f=D_壤$ 时，$t=t_1$） 湿润锋进入夹砂层后再次进入壤土层前： $t-t_1=\dfrac{(\theta_{st,砂}-\theta_{0,砂})D_壤}{K_{s,壤}(D_壤+H)}(Z_f-D_壤)$ （当 $Z_f=D_壤+D_砂$ 时，$t=t_2$） 湿润锋再次进入壤土层后： $t-t_2=\dfrac{(\theta_{s,壤}-\theta_{0,壤})D_壤}{K_{s,壤}(D_壤+H)}(Z_f-D_壤$ $-D_砂)$ |

注：$i$ 为入渗率(cm/min)；$I$ 为累积入渗量(cm)；$t$ 为入渗时间(min)；$K_{s,壤}$ 为上层细质壤土的饱和导水率(cm/min)；$\overline{K}_s$ 为已湿润土层有效饱和导水率(cm/min)；$Z_f$ 为湿润锋深度(cm)；$S_f$ 为湿润锋面处的平均土壤基质吸力(cm)，本文根据已有研究成果结合实测资料调试得到；$H$ 为土壤表层积水深度(cm)；$D$ 为已湿润土壤层的总厚度(cm)；$D_壤$ 为上部壤土层厚度(cm)；$D_砂$ 为试验土柱夹砂层厚度(cm)；下标中的 0、s、st、$j$、M 分别代表初始状态、饱和状态、湿润锋经过后土壤含水率达到稳定的状态、土壤层次和湿润锋穿过后土壤含水率已经趋于稳定的土层数目；$\theta_{st,砂}$ 根据公式 $K(\theta_{st,砂})=K_{s,壤}(D_壤+H)/D_壤$，结合砂土水力特性函数关系，通过试算法反求得到。

### 3. 确定层状土壤稳定入渗率的饱和层最小通量法

许多研究和设计领域需要了解层状土壤的稳定入渗情况，如降雨入渗、地表水（渠道、水库等）的渗漏损失及其对地下水的补给量、固体废物填埋场废液的渗出率等。在忽略不稳定流(指流,fingering flow)影响的前提下,利用土壤水动力学原理对层状土壤积水入渗过程进行分析和推导,提出了计算多层土壤稳定入渗率的饱

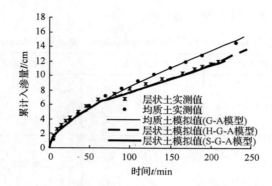

图 2.8　实测与模拟累计入渗量随时间变化

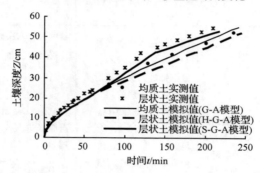

图 2.9　实测与模拟湿润锋位置随时间变化

和层最小通量法。

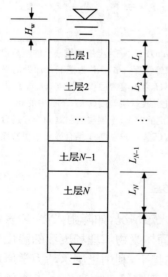

图 2.10　分层土壤示意图

地表至地下潜水面之间土壤分为 $N$ 层 (图 2.10)，第 $i$ 层厚度和饱和导水率分别为 $L_i$、$K_{si}(i=1,2,\cdots,N)$。研究初始时刻土柱处于非饱和状态，最下端为地下水位，入渗开始后上端积水深度为 $H_w$。如果地表至第 $k$ 层土壤全部饱和，而以下各层均未饱和，则饱和区水流通量 $q_{sk}$ 为

$$q_{sk} = K_{seff,k}\left(H_w + \sum_{i=1}^{k}L_i\right)\Big/\sum_{i=1}^{k}L_i,$$
$$k = 1,2,\cdots,N \qquad (2.1)$$

式中，$K_{seff,k}$ 为地表至第 $k$ 层土壤的有效饱和导水率，可根据下式计算：

$$K_{seff,k} = \sum_{i=1}^{k}L_i\Big/\sum_{i=1}^{k}(L_i/K_{si}),$$
$$k = 1,2,\cdots,N \qquad (2.2)$$

若存在 $m < N$，使

$$q_{sm} = \min_{1 \leqslant k < N}(q_{sk}) \tag{2.3}$$

则饱和锋面停在第 $m$ 层，且相应稳定入渗率为 $q_{sm}$。若 $m = N$，则土壤层全部为饱和层，此时采用饱和层法得到的结果与饱和层状土壤采用达西定律计算入渗率的结果相同。

采用 Hydrus-1D 数值模拟软件，模拟了不同水头、多层土壤特性下的稳渗过程，根据模拟结果对饱和层最小通量法进行了检验（图 2.11）。结果表明，这种计算多层土壤稳渗率的方法物理意义明确、误差较小。与改进的 Green-Ampt 公式相比，该方法不需要考虑下层土壤的进水吸力，同时考虑了多层土壤对入渗的影响，更适用于实际情况下分层土壤稳定入渗率的估算，可以为水资源量评价、环境污染评价和相关工程设计等领域提供理论依据。

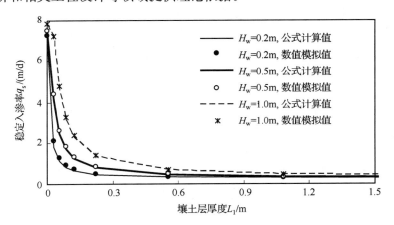

图 2.11 不同壤土层厚度和压力水头（$H_w$）下的稳定入渗率计算与模拟值比较

## 2.1.2 渠道渗漏的室内土槽试验与数值模拟

为深入研究多因素影响下的渠道渗漏及其土壤水分动态响应过程，开展了渠道渗漏的室内土槽试验，对渗漏过程中入渗率、累积入渗量、湿润锋行进等进行观测与模拟分析[6]。

试验共设置了 2 组不同处理（均质土和含砂质夹层土），如图 2.12 所示。

1. 试验结果分析

根据渠道渗漏的室内土槽试验观测结果，对渠道渗漏规律进行了初步研究，并利用 Kostiakov 模型、Philip 模型、Horton 模型和蒋定生模型[7]对试验结果进行了拟合，得到的主要结论如下：

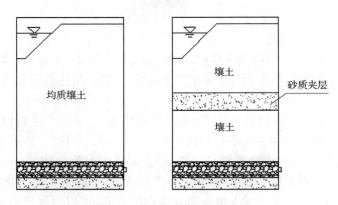

图 2.12　试验不同处理示意图

（1）在入渗初期，湿润锋行进速度最快，随着入渗的进行会越来越慢。当渠床具有砂质夹层时，由于砂质夹层具有阻水和减渗作用，湿润锋在夹砂层中的行进会有些滞后，砂层的湿润锋和上部土壤的湿润锋会出现不连续的现象。但从湿润锋穿过夹砂层后的表现来看，这种阻水和减渗作用只具有短期效果，长期作用并不明显。

（2）当渠内水位较低时，均质土处理的稳渗率大于夹砂土。而当水位较高时，夹砂土处理稳渗率明显大于均质土。

（3）在入渗初期，土壤的入渗率很大。随着入渗的进行，入渗率逐渐减小，当下部土壤饱和区到达一定深度时，入渗率趋于稳定，即达到稳定入渗阶段。

（4）渠道内水位越高，稳渗率越大，渗漏损失就越大。

（5）Kostiakov 模型、Philip 模型、Horton 模型和蒋定生模型对入渗率的拟合精度都很高。但与其他几个模型相比，Kostiakov 公式的拟合精度略低。

**2. 渠道渗漏室内土槽试验的数值模拟**

针对均质土和夹砂土情况下的渠道渗漏室内土槽试验，建立了相应的数学模型，选用二维饱和-非饱和土壤水、热和溶质运移模拟软件 Hydrus-2D，分析了入渗水头、土壤结构对渠道渗漏强度和土壤水分运动的影响。模拟值与实测值吻合较好（图 2.13、图 2.14），试验和模拟结果表明，渠道内水位越高，渗漏量越大（图 2.15、图 2.16）。主要结论如下：

（1）采用基于 Richards 方程的饱和-非饱和土壤水分运动模拟软件 Hydrus-2D 可以较好地模拟均质和夹砂两种渠床土质情况下的渠道渗漏规律，模拟和实测的累积入渗量、湿润锋、入渗率变化规律均吻合较好。

（2）渠床砂质夹层的存在使湿润锋在砂层上下表面出现不连续现象。夹砂层具有一定的阻水减渗作用，在有压入渗情况下，这种阻水作用可能具有暂时性。

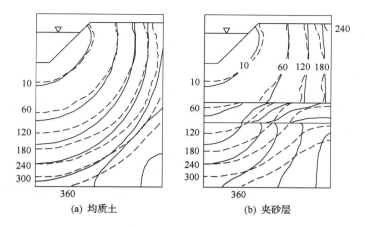

(a) 均质土　　　　　　　　　　(b) 夹砂层

图 2.13　实测与模拟湿润锋对比（图中实线为实测值，
虚线为模拟值，图中数字表示时间，单位：min）

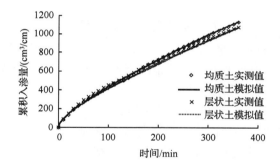

图 2.14　不同土壤特性累积入渗量对比

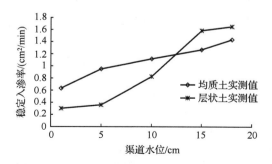

图 2.15　不同土壤特性下的土壤入渗率（实测）

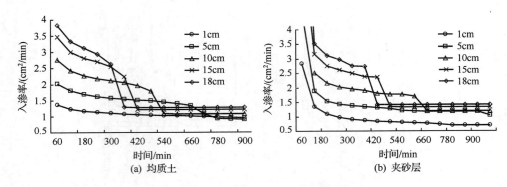

图 2.16　不同水头下的土壤入渗率曲线

### 2.1.3　地下水深埋情况下渠道渗漏及其土壤水分动态响应

#### 1. 试验概况

试验在中国农业大学石羊河流域农业与生态节水试验站进行,开展了不同衬砌、不同渠床土质下的渠道渗漏及周边土壤水分动态的试验研究及分析[8]。旨在揭示复杂层状土质结构和地下水深埋情况下影响渠道渗漏的主要因素,为干旱区渠道衬砌及水资源的合理利用提供参考。

试验渠道全长 120 m,梯形断面(其中顶宽 1.331 m,底宽 0.331 m,高 0.5 m),等分为四段,分别为混凝土衬砌、卵石衬砌、黏土衬砌和不衬砌,在每段渠道相交处设置混凝土隔层,每段渠道两端设立水尺,具体布置如图 2.17 所示。采用静水法进行渠道渗漏试验,并进行了定水位和变水位下渠道渗漏强度的观测。四段渠道单侧分别选取一剖面设置四根 Trime 管(图 2.17),监测渠道周边土壤含水率的变化。同时,试验区还进行了小气候观测、渠道附近土质状况调查以及渠道附近双环入渗试验。

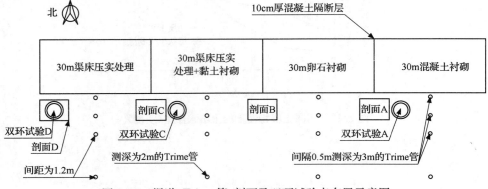

图 2.17　渠道、Trime 管、剖面及双环试验点布置示意图

### 2. 试验结果及分析

渠道渗漏过程(图 2.18)和土壤水分的动态(图 2.19)均表明,该试验条件下不衬砌渠道渗漏强度大于混凝土和卵石衬砌渠道渗漏强度。结合对各渠段进行的土壤机械组成和饱和导水率的分层测试结果以及双环入渗试验(图 2.20)结果,可以得到以下结论:在该地区,渠床下土质特性是影响渠道渗漏强度的首要因素,衬砌形式产生的影响其次。

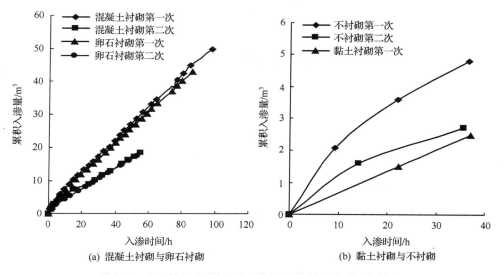

(a) 混凝土衬砌与卵石衬砌　　　　　　　　　(b) 黏土衬砌与不衬砌

图 2.18　不同衬砌渠道累积入渗量与累积入渗时间的关系

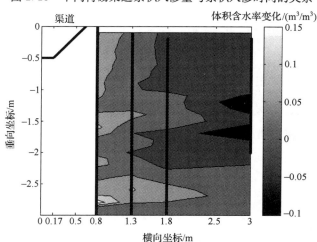

(a) 混凝土衬砌渠道(实测土壤含水率2008-06-30与2008-06-24的差值)

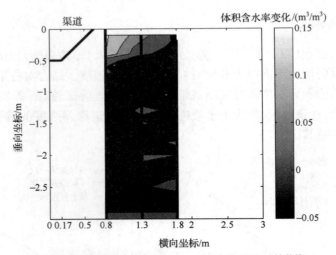

(b) 不衬砌渠道(实测土壤含水率2008-07-16与2008-07-10的差值)

图 2.19　放水起止渠道周边土壤含水率的变化

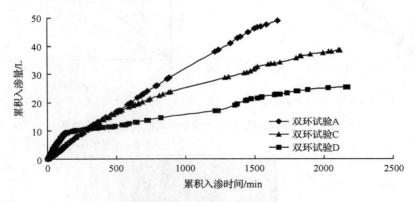

图 2.20　双环入渗试验累积入渗量过程

采用多层土壤有效渗透系数法对渠道渗漏强度进行进一步分析。根据 Fok[9]提出的多层饱和土壤中有效渗透系数的计算方法,作为综合评价土壤渗透能力的依据:

$$K_{\text{eff},N} = \sum_{i=1}^{N} L_i \Big/ \sum_{i=1}^{N} (L_i/K_i) \qquad (2.4)$$

式中,$K_{\text{eff},N}$ 为土壤有效渗透系数;$N$ 为土壤层数;$L_1,L_2,\cdots,L_N$ 为各土层的厚度;$K_1,K_2,\cdots,K_N$ 为相应各土层的渗透系数。根据试验结果和经验估计,得到渠道饱和渗流区域分区如图 2.21 所示。计算结果如表 2.2 所示。

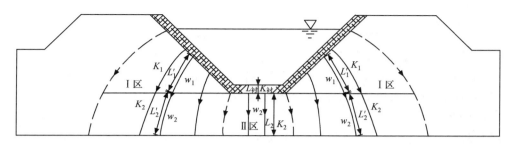

图 2.21　渠道渗流示意图

**表 2.2　不同衬砌渠道渠床土壤参数**

| 衬砌类型 | | 混凝土衬砌 | 卵石衬砌 | 黏土衬砌 | 不衬砌 |
|---|---|---|---|---|---|
| $K_s/(m/d)$ | $K_1$ | 0.043 | 0.008 | 0.009 | 0.053 |
| | $K_2$ | 0.185 | 0.083 | 0.085 | 0.005 |
| | $K_衬$ | 0.06 | 0.25 | 0.07 | — |
| $L/m$ | $L_1$ | — | — | — | 0.05 |
| | $L_2$ | 0.17 | 0.15 | 0.25 | 0.3 |
| | $L_{1'}$ | 0.18 | 0.29 | 0.29 | 0.29 |
| | $L_{2'}$ | 0.3 | 0.21 | 0.31 | 0.31 |
| | $L_衬$ | 0.06 | 0.1 | 0.1 | — |
| 权重 $W$ | $W_I$ | 0.6 | 0.6 | 0.6 | 0.6 |
| | $W_{II}$ | 0.4 | 0.4 | 0.4 | 0.4 |
| 有效渗透系数 | $K_I$ | 0.0793 | 0.0153 | 0.0188 | 0.0089 |
| | $K_{II}$ | 0.1199 | 0.1133 | 0.0801 | 0.0050 |
| | $K_总$ | 0.0955 | 0.0545 | 0.0433 | 0.0073 |

注：根据文献[10]，对于混凝土衬砌层、卵石衬砌层和黏土衬砌层，它们的防渗效果分别为 0.06～0.17m³/(m²·d)、0.09～0.25m³/(m²·d)和 0.07～0.17m³/(m²·d)，本书据此取值。

由表 2.2 的计算结果可以看出，混凝土衬砌渠道有效渗透系数最大，卵石衬砌渠道次之，不衬砌渠道最小，这与渗漏强度的观测结果基本一致。若渠床下土质相同时，不衬砌渠道渗漏强度将明显高于其他渠段。然而由于不衬砌渠道渠床附近具有弱透水土层（尤其第 2 土层，即表 2.2 中 $K_2$ 明显小于其他渠段），因此其渗漏强度反而小于混凝土衬砌和卵石衬砌渠段。当具有复杂的层状土结构时，渠床附近具有弱透水性土层时，其作用可能超过衬砌类型产生的影响，成为对渠道渗漏强度起到控制性的影响因素。因此，在生产实践中应关注弱透水性土层对渠道渗漏的影响。

### 3. 数值模拟

基于复杂层状土条件下进行的混凝土衬砌渠道渗漏试验,建立了具有混凝土衬砌层和土质差异较大的层状土情况下的饱和-非饱和有压土壤水入渗模型,采用Hydrus-2D土壤水运动模拟软件,对渠道渗漏和土壤水分动态进行了数值模拟研究。图2.22和图2.23分别为模拟得到的不同时刻渠道周围土壤含水率剖面图以及单位长度的累积渗漏量模拟值与实测值比较,模型模拟结果和实测渗漏量、实测渠道周边土壤含水率等吻合较好,表明该模型对于模拟复杂层状土情况下的渠道渗漏具有可靠性。

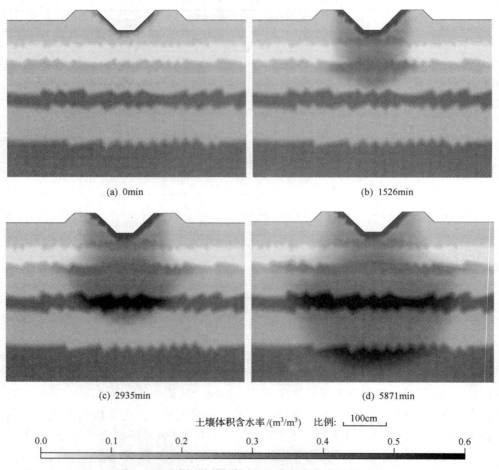

(a) 0min

(b) 1526min

(c) 2935min

(d) 5871min

土壤体积含水率/(m³/m³)　　比例:　 100cm

| 0.0 | 0.1 | 0.2 | 0.3 | 0.4 | 0.5 | 0.6 |

图 2.22　不同时刻渠道周围土壤含水率模拟剖面图

进一步模拟分析了渠道衬砌和土壤层状结构特性对渠道渗漏分别产生的影响(图2.24、图2.25)以及层状土和均质土在湿润锋行进方面的区别(图2.26)。结

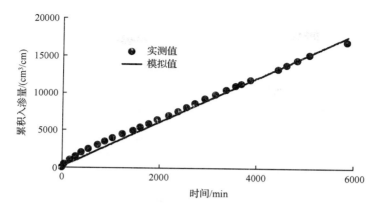

图 2.23 单位长度的累积渗漏量模拟值与实测值比较

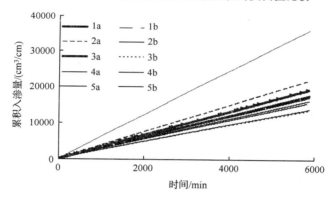

图 2.24 去除衬砌以及改变各土层渗透特性情况下模拟方案累积入渗量结果比较

其中 1a 为原方案, 1b 为去掉混凝土衬砌层, 2a~5a 分别为土层 1~4 的饱和导水率增加
为原值的 10 倍, 2b~5b 分别为土层 1~4 的饱和导水率减至原值的 0.1 倍

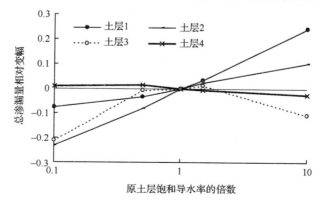

图 2.25 各土层饱和导水率改变情况下累积渠道渗漏量的相对变幅

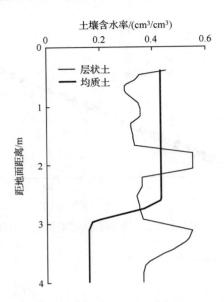

图 2.26　模拟时段末均质土和层状土渠道底部土壤含水率剖面图

果表明渠道渗漏强度受渠道衬砌形式和渠床附近弱渗透性土层的影响最大,渠床下强渗透性土层具有一定的减渗作用;均质土和层状土在渠道渗漏量相近情况下,土壤水分动态响应具有较大不同。

### 2.1.4　地下水浅埋条件下渠道渗漏及其对地下水补给规律的影响

选取黄河中下游山东位山灌区渠道渗漏作为地下水浅埋地区的代表,根据在当地进行的渠道渗漏和地下水位动态响应试验[11],建立了相应的数学模型,并选用饱和-非饱和土壤水、热和溶质运移模拟软件 Hydrus-2D,对试验过程进行了模拟,利用试验观测数据进行了对比验证,模拟结果与实测资料吻合较好(图 2.27~图 2.29)。在位山渠道渗漏模型的基础上,分别对不同地下水埋深、不同渠床下土质、考虑蒸散发等情况下的渠道渗漏过程进行了模拟分析[12]。结果表明(图 2.30),随着地下水埋深的增加,渠道渗漏总量呈线性增加趋势。而渠道渗漏对地下水的补给系数也随着地下水埋深的增大而增大,其增大趋势较为平缓。对于渠床下上下两层土壤,上层土质对渗漏过程的影响较大,随着其渗透系数的增大渠道渗漏量及其对地下水补给的比例总体都呈增大趋势。在地下水埋深较小时,蒸散发对渠道总渗漏量及地下水补给量影响不大。

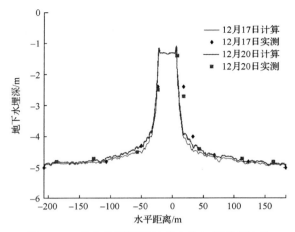

图 2.27　放水阶段模拟地下水位与实测值比较

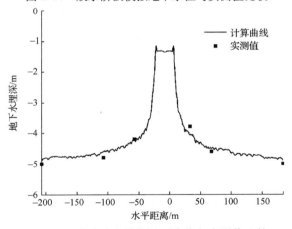

图 2.28　稳渗阶段模拟地下水位与实测值比较

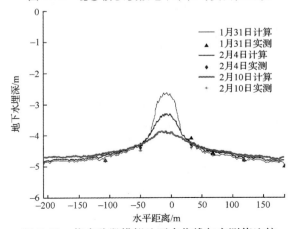

图 2.29　停水阶段模拟地下水位线与实测值比较

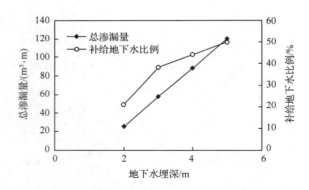

图 2.30　不同地下水埋深对渗漏量及渗漏补给系数的影响

## 2.2　灌区节水改造对区域地下水影响的数值模拟

本研究区域为位于西北干旱区石羊河流域下游的民勤绿洲。民勤绿洲人口 30.71 万,面积 3190km², 其中农作物种植面积约 600km²。由于干旱区蒸发强烈, 降水稀少, 作物生长主要依靠红崖山水库放水和本地地下水进行灌溉。近年来由于农作物面积增加, 上游放水量减少, 地下水的开采量增加很大。造成当地地下水位的普遍下降, 平均下降约 10～12m, 下降速率 0.57m/a, 最大下降幅度 15～16m。地下水位下降后, 导致大片依靠地下水为生的野生植被(如天然胡杨林)枯死。而这些天然植被是绿洲的保护屏障, 对当地的生态环境和绿洲的安全至关重要。

在当前进行大型灌区节水改造的过程中, 恢复当地地下水位、改善生态环境是需要研究的重要课题之一。灌区主要的节水改造措施, 如渠道衬砌、田间节水灌溉措施的实施、关井压田等都可能对地下水位的恢复产生不同的影响。定量评价这些节水改造措施对地下水动态的影响, 有利于科学合理地实施灌区节水改造, 促进当地生态环境的改善。

结合 GIS 和地下水模拟模型 FEFLOW[13], 建立了民勤绿洲地下水位动态模拟模型。通过对当地井群、渠系的数字化定位, 较为精确地考虑了地下水开采、渠道渗漏等地下水主要补给和消耗项对区域地下水动态变化的影响[14], 为科学合理地预测各种节水改造措施对地下水动态的影响提供了可能。采用 1993～1998 年观测资料对地下水模型进行调试, 采用 1998～2003 年观测资料对调试的模型进行验证。在此基础上, 模拟了气候变化、人类活动及实施综合工程等多种情景下民勤绿洲地下水位时空变化规律及地下水均衡情况。

### 2.2.1　地下水运动的数学模型建立与求解

对于非均质、各向异性、空间三维结构、非稳定地下水流系统, 可用地下水流连续性方程及其定解条件来描述。选择地下水模型软件 FEFLOW 求解该定解问题。所建立的研究区地下水运动数学模型如下：

$$
\begin{cases}
S\dfrac{\partial h}{\partial t}=\dfrac{\partial}{\partial x}\left(K_x\dfrac{\partial h}{\partial x}\right)+\dfrac{\partial}{\partial y}\left(K_y\dfrac{\partial h}{\partial y}\right)+\dfrac{\partial}{\partial z}\left(K_z\dfrac{\partial h}{\partial z}\right)+\varepsilon & x,y,z\in\Omega,t\geqslant 0\\[2mm]
\mu\dfrac{\partial h}{\partial t}=K_x\left(\dfrac{\partial h}{\partial x}\right)^2+K_x\left(\dfrac{\partial h}{\partial y}\right)^2+K_z\left(\dfrac{\partial h}{\partial z}\right)^2-\dfrac{\partial h}{\partial z}(K_z+p)+p & x,y,z\in\Gamma_0,t\geqslant 0\\[2mm]
h(x,y,z,t)\mid_{\Gamma_1}=h_1(x,y,z,t) & x,y,z\in\Gamma_1,t\geqslant 0\\[2mm]
K_n\dfrac{\partial h}{\partial\vec{n}}\bigg|_{\Gamma_2}=q(x,y,z,t) & x,y,z\in\Gamma_2,t\geqslant 0\\[2mm]
h(x,y,z,t)\mid_{t=0}=h_0 & x,y,z\in\Omega,t\geqslant 0
\end{cases}
$$

$$\tag{2.5}$$

式中，$\Omega$ 为渗流区域；$h$ 为含水层的水位标高（m）；$K_x$、$K_y$、$K_z$ 为 $x$、$y$、$z$ 方向的渗透系数（m/d）；$K_n$ 为边界面法向方向的渗透系数（m/d）；$S$ 为自由面以下含水层储水系数（1/m）；$\mu$ 为潜水含水层在潜水面处的重力给水度；$\varepsilon$ 为含水层的源汇项（1/d）；$p$ 为潜水面上的降水入渗和蒸发等（m/d）；$h_1(x,y,z,t)$ 为第一类边界上的水头（m）；$\Gamma_0$ 为渗流区域的上边界，即地下水的自由表面；$\Gamma_1$ 为渗流区的第一类边界；$\Gamma_2$ 为渗流区的第二类边界；$\vec{n}$ 为边界面的法线方向；$q(x,y,z,t)$ 为第二类边界上的水分通量 $[m^3/(m^2\cdot d)]$，流入为正，流出为负，隔水边界为 0；$h_0$ 为含水层的初始水位分布（m）。

本研究采用 FEFLOW 数值模拟软件对上述方程进行有限元离散求解。FEFLOW 是基于有限元数值法的区域地下水流模拟软件包，被认为是功能最强大，集成度最高的地下水流模拟软件之一。特别对于大区域非规则边界的地下水流模拟，FEFLOW 具有很大的优势。另外，FEFLOW 可以将土地利用图与源汇项时间变量相结合，实现区域上源汇项的设定。由此可见，FEFLOW 对于研究人类活动条件下（包括地表来水、农田灌溉等）区域地下水动态有着一定的优势。

地下水运动过程数值模拟所需要的初始条件、边界条件和水力参数主要包括研究区边界条件、模型初始条件、含水层水力传导系数、给水度、地下水补给、排泄水量均衡计算等。

### 1. 边界条件

边界条件的确定一般是在水文地质勘探基础上进行。流入民勤盆地侧向补给量主要有红崖山水库坝基渗流和南部腾格里沙漠的地下侧向径流补给。红崖山水库坝下渗流量一般认为是 $0.06\times10^8\ m^3/a$[14]；魏红[15]计算的进入研究区东部的地下水侧向径流量是 $0.355\times10^8\ m^3/a$。研究区北部边界是民勤盆地地下水的出流边界，据民勤水利部门监测，流出民勤盆地地下水侧向径流约为 $0.073\times10^8\ m^3/a$。

　　根据研究区边界上水流通量及地形等特点,将边界划分为 AB、BC、CD、DE、EA 段(图 2.31)。通过 Arcview 测定各边界的长度,计算出各边界的单宽流量,计算结果如表 2.3 所示。

图 2.31　抽水井分布图

表 2.3　研究区边界条件确定结果

| 边界 | AB | BC | CD | DE | EA |
|---|---|---|---|---|---|
| 水流通量/$10^8$ m³ | 0.060 | 0 | 0 | 0.073 | 0.355 |
| 边界长度/km | 7.4 | 45 | 70 | 35 | 110 |
| 含水层厚度/m | 150 | 120 | 120 | 120 | 150 |
| 定流量值/(m/d) | 0.0148 | 0 | 0 | 0.0038 | 0.0059 |

　　在 FEFLOW 中,地下水抽水井被视为一种水力边界条件,即第四类边界条件。在上述边界中,根据研究区边界特点,除了抽水井外,其他所有边界均确定为第二类边界条件(Neumann),即定流量边界条件(包括渠道的渗漏量)。在 FEFLOW 的边界条件(Flow Boundary)设定环境下,分别将这些定流量值赋给对应边界。

　　在 FEFLOW 中,抽水井作为研究区的第四类边界条件,对民勤盆地地下水的运动具有非常重要的影响。与第二类边界条件不同,第四类边界条件(抽水井)的数量和位置在模拟时间内随时间而变,因此,抽水井数量和位置(图 2.32)的变化对地下水位的模拟非常重要。

图 2.32　渠道与抽水井耦合图

### 2. 初始条件

以 1993 年为民勤盆地地下水运动过程数值模拟的初始时间。首先将这些观测点地理坐标和地下水位埋深观测数据在 ARC/INFO 下添加到已经构建好拓扑关系结构的研究区范围图层上,通过 ARCview 操作,生成 shp 格式数据文件,然后通过数据转换,将 shp 格式数据文件转换成具有位置属性和地下水位数据的 pnt 格式 ASCII 文件(在 FEFLOW 中,这种文件被称作"triplets file");在 FEFLOW 初始条件(initialcondition)设定环境下,调用该 pnt 格式的 ASCII 文件,利用 FEFLOW 自带的对离散的空间抽样数据进行插值得到研究区地下水位的空间分布,留作模拟时调用,完成研究区初始条件的确定。民勤盆地地下水运动数值模拟初始水头条件的确定结果如图 2.33 所示。

### 3. 水流介质参数

在 FEFLOW 地下水运动模拟中,主要考虑的水流介质参数包括水力传导系数、给水度。对于 3D 各向异性含水层地下水运动模拟,水力传导系数分为 $X$ 方向水力传导系数 $K_{xx}$、$Y$ 方向 $K_{yy}$ 和 $Z$ 方向 $K_{zz}$。对于潜水含水层,给水度是指重力给水度,对于承压含水层,给水度是指弹性储水系数。

根据研究区含水层 3D 空间模型特征,上层含水层为潜水含水层,水平方向的含水层水力传导系数和给水度通过结果调参获得(图 2.34、图 2.35);中间的弱透

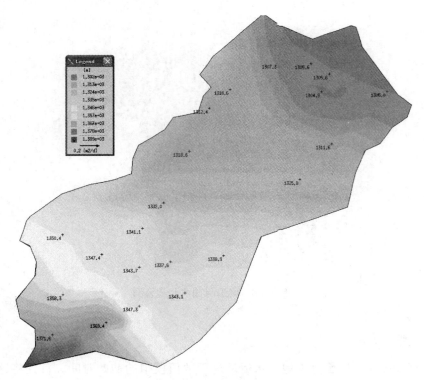

图 2.33　1993 年初始模拟水头

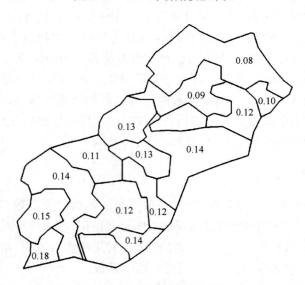

图 2.34　给水度分布示意图

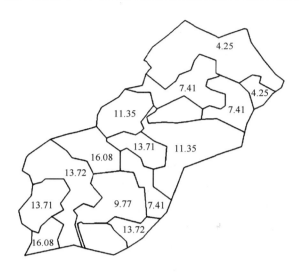

图 2.35　渗透系数分布示意图（单位：m/d）

水层视为隔水层，水力传导系数和给水度参数以定值确定；下层含水层为承压水含水层，水力传导系数和给水度参数以定值确定。

虽然理论上含水层水力传导系数在空间上是各向异性的，但由于缺乏实验数据，在实际操作中将设定水平方向含水层水力传导系数通过 FEFLOW 的 DATA COPIER 功能，拷贝到 $K_{yy}$ 和 $K_{zz}$ 中。

根据民勤盆地水文地质条件，民勤绿洲第四系含水层在地表以下 120～150m 处存在多个总厚度约 50m 的分布比较完整的弱透水黏土层，本书中将此层设定为地下水的隔水底板。据此，根据研究地面高程将隔水底板高程确定为由南边界 1240m 渐变为 1210m。

### 4. 源汇项的确定

对于研究区域来讲，地下水在垂直方向上的源汇项包括自然条件（降水、蒸发）及人类活动（抽取地下水、灌溉水回灌）等因素。对于不同利用类型的土地，自然条件及人类活动对其地下水的影响有所不同。所以，本书中对于地下水源汇的处理以土地类型的划分为基础来确定。研究区土地利用类型包括灌溉耕地、片林地、疏林地、灌木林、果园、天然草地、荒漠草地、沙地、盐碱地、裸岩石砾地、工矿用地和居民点等。马兴旺等[16]将各类利用类型土地对地下水影响方式归纳为表 2.4。

表 2.4 土地利用类型对地下水的影响方式[17]

| 土地利用类型 | 影响地下水的方式 |
|---|---|
| 耕地、居民点 | 抽水、灌溉水入渗 |
| 果园 | 抽水、灌溉水入渗、蒸散 |
| 片林地、疏林地、灌木林 | 蒸散、降水入渗、凝结水入渗 |
| 天然草地、荒漠草地 | 蒸散、降水入渗、凝结水入渗 |
| 沙地、盐碱地、裸岩石砾地、工矿地等 | 陆面蒸发、降水入渗、凝结水入渗 |

蒸发、降水入渗、凝结水入渗与地下水埋深有关,所以在同一土地利用方式不同地下水埋深条件下气象因子对地下水影响的程度有所不同。根据范锡朋等[17]的研究结果,在民勤地区,草地、裸地等利用类型土地蒸散、降水和凝结水入渗补给地下水仅限于地下水埋深小于 5 m 地区。目前,民勤绿洲地下水位埋深均大于 5 m,所以在 FEFLOW 的源汇项中不考虑降水、凝结水入渗及草地、裸地上的蒸发。

**5. 灌水量的确定**

调查得到民勤绿洲(泉坝区、湖区)现状主要作物播种面积的比例和灌溉面积,如表 2.5 所示,由此计算得到各时段综合灌水定额,根据各区域总的灌溉面积得到不同时间单位面积的灌水量值。

表 2.5 民勤绿洲主要作物灌溉制度(单位：$m^3/hm^2$)

| 区域 | 作物 | 灌溉制度 | | | | | | | | |
|---|---|---|---|---|---|---|---|---|---|---|
| 泉坝区 | 小麦 | 灌水时间 | 5-1 | 5-10 | 5-22 | 6-5 | 6-20 | 7-5 | 11-1 | |
| | | 灌水定额 | 975 | 975 | 975 | 975 | 975 | 975 | 1680 | |
| | 玉米 | 灌水时间 | 4-1 | 6-5 | 6-15 | 6-25 | 7-5 | 7-22 | 8-1 | 8-15 | 9-1 |
| | | 灌水定额 | 1680 | 960 | 960 | 960 | 960 | 960 | 960 | 960 | 960 |
| | 籽瓜 | 灌水时间 | 4-25 | 6-25 | 7-5 | 7-17 | 8-1 | 8-21 | | |
| | | 灌水定额 | 1680 | 705 | 705 | 705 | 705 | 705 | | |
| | 棉花 | 灌水时间 | 4-10 | 6-20 | 7-20 | | | | | |
| | | 灌水定额 | 1680 | 825 | 825 | | | | | |
| | 其他 | 灌水时间 | 5-1 | 6-20 | 7-1 | 7-11 | 7-22 | 8-1 | 8-12 | 8-21 |
| | | 灌水定额 | 1680 | 945 | 945 | 945 | 945 | 945 | 945 | 945 |

续表

| 区域 | 作物 | 灌溉制度 | | | | | | | | |
|---|---|---|---|---|---|---|---|---|---|---|
| 湖区 | 小麦 | 灌水时间 | 3-5 | 5-10 | 5-20 | 6-5 | 6-20 | 7-1 | 7-11 | | |
| | | 灌水定额 | 2400 | 840 | 840 | 840 | 840 | 840 | 840 | | |
| | 玉米 | 灌水时间 | 4-1 | 6-5 | 6-15 | 6-25 | 7-5 | 7-20 | 8-1 | 8-15 | 9-1 |
| | | 灌水定额 | 2400 | 840 | 840 | 840 | 840 | 840 | 840 | 840 | 840 |
| | 籽瓜 | 灌水时间 | 5-1 | 7-5 | 7-15 | 7-25 | 8-10 | | | | |
| | | 灌水定额 | 2400 | 675 | 675 | 675 | 675 | | | | |
| | 棉花 | 灌水时间 | 4-10 | 6-20 | 7-20 | | | | | | |
| | | 灌水定额 | 2400 | 600 | 600 | | | | | | |
| | 其他 | 灌水时间 | 5-1 | 6-20 | 7-2 | 7-15 | 7-25 | 8-10 | | | |
| | | 灌水定额 | 2400 | 990 | 990 | 990 | 990 | 990 | | | |

### 6. 地下水抽取量的确定

根据不同时段综合灌水定额（表 2.5）及水库配水方案，得到灌溉水的亏缺量，即为地下水抽取量（表 2.6）。地下水抽取量由下式确定：

$$w_s = (W_s/A)\eta_s \qquad (2.6)$$

$$q' = (w - w_s)/(\eta_g \Delta t') \qquad (2.7)$$

式中，$w_s$ 为某次灌水单位面积上地表水灌溉量（$m^3/hm^2$）；$q'$ 为某次灌水单位面积

**表 2.6　抽水井提水量**（按照乡镇划分）

| | 抽水井数 | 单位提水量/$m^3$ | 总提量/$m^3$ |
|---|---|---|---|
| 大坝乡 | 549 | 40 | 22080 |
| 大滩乡 | 529 | 42 | 22218 |
| 东坝镇 | 407 | 50 | 20350 |
| 东湖镇 | 406 | 36 | 14616 |
| 红沙梁乡 | 353 | 46 | 16238 |
| 夹河乡 | 399 | 55 | 21945 |
| 泉山镇 | 629 | 44 | 27676 |
| 三雷镇 | 418 | 44 | 18392 |
| 收成乡 | 610 | 40 | 24400 |
| 双茨科乡 | 717 | 51 | 36567 |
| 苏武乡 | 900 | 52 | 46800 |
| 西渠镇 | 778 | 47 | 36566 |
| 薛百乡 | 634 | 40 | 25360 |
| 总数 | 7329 | | |

灌溉农田日抽取地下水量(m/d);$w$ 为某次灌水定额(m³/hm²);$\eta_g$ 为井水渠道输水系数,据《民勤县九五节水灌溉规划报告》,泉坝区 $\eta_g$ 为 0.74,湖区 $\eta_g$ 为 0.72;$\Delta t'$ 为某次灌水天数(d)。

　　7. 渠系入渗量的确定

　　在计算不同水平年时,采用了《民勤县"九五"节水灌溉规划报告》(简称节水报告)中提供的现状水平年数据,得到了不同水平年的基本数据,其中河水渠系利用系数分为坝区、泉山 0.693 和湖区 0.46。本书计算取其二者平均值为 0.58。

　　根据渠系引水的渗漏补给量的计算公式:

$$Q = R(1 - N)r \tag{2.8}$$

式中,$R$ 为渠首引水量;$N$ 为渠系有效利用系数,取 0.58;$r$ 为修正系数,取 0.9。

## 2.2.2　模型检验及分析

　　为验证上述所建立的地下水位动态模型的模拟精度及适用性,用 1998～2003 年地表来水条件下的地下水位观测资料对模型进行了检验。19 个观测井地下水位动态的实测值与模拟值对比表明(图 2.36、图 2.37),模拟地下水位动态变化过程与实测动态过程趋势基本一致,且二者拟合较好。

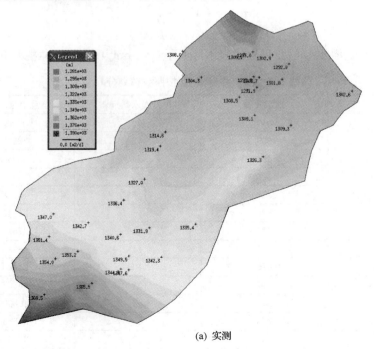

(a) 实测

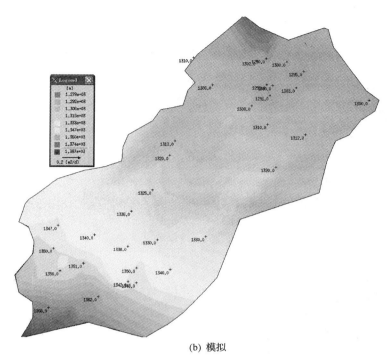

(b) 模拟

图 2.36　地下水位实测值与 FEFLOW 模拟值对比(1998 年)

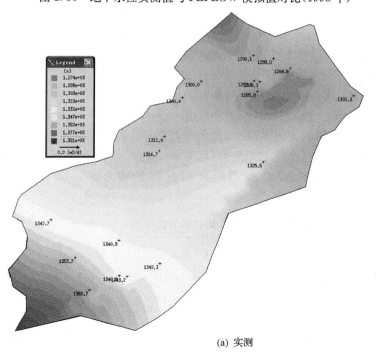

(a) 实测

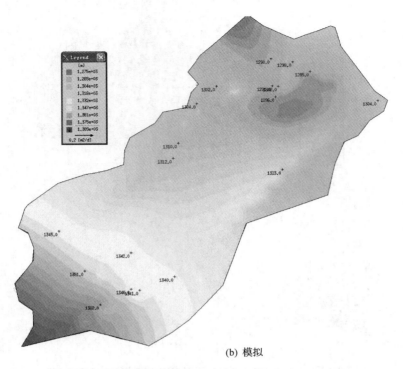

(b) 模拟

图 2.37　地下水位实测值与 FEFLOW 模拟值对比(2003 年)

　　根据 2003 年各观测井地下水位模拟值与实测值,可以计算出作为判别准则的相应统计值 RMSE、RE、E12、R2,如表 2.7 及表 2.8 所示。模型识别的误差统计表明,模拟值与实测值的平均均方根误差为 2.04m,相对误差为 15.7%,而且年末误差仅为 0.45m,明显小于全年平均误差。从各个观测井来看,年末误差均小于全年平均误差。从拟合趋势来看,除了 8 号和 12 号观测井外,其他模拟值与实测值的相关性均较为理想。实际灌溉中,常依靠经验,而非严格按照灌溉制度进行,可能导致部分观测井实测水位变化剧烈(如 8 号、12 号)。2003 年用于模型验证的观测井地下水位实测动态变化过程与模拟过程趋势基本一致,二者拟合较好(图 2.38)。

表 2.7　地下水流数值模型拟合误差统计表

| 测井 | 1 | 2 | 3 | 4 | 5 | 6 | 7 | 8 | 9 | 10 |
|---|---|---|---|---|---|---|---|---|---|---|
| R2 | 0.63 | 0.45 | 0.78 | 0.98 | 0.74 | 0.52 | 0.89 | 0.19 | 0.76 | 0.60 |
| RMSE/m | 2.12 | 3.15 | 1.75 | 0.29 | 1.89 | 2.76 | 1.28 | 4.76 | 1.85 | 2.22 |
| RE/% | 9.9 | 11.1 | 15.5 | 11.5 | 16.8 | 12.3 | 15.6 | 24.8 | 13.9 | 11.6 |
| E12/m | 0.61 | 0.27 | 1.29 | 0.88 | 0.58 | 0.43 | 0.47 | 0.68 | 0.31 | 0.73 |

表 2.8　地下水流数值模型拟合误差统计表

| 测井 | 11 | 12 | 13 | 14 | 15 | 16 | 17 | 18 | 19 | 平均值 |
|---|---|---|---|---|---|---|---|---|---|---|
| R2 | 0.88 | 0.29 | 0.94 | 0.83 | 0.85 | 0.69 | 0.89 | 0.53 | 0.76 | 0.60 |
| RMSE/m | 1.29 | 4.05 | 0.43 | 1.79 | 1.59 | 2.01 | 1.28 | 2.46 | 1.84 | 2.04 |
| RE/% | 9.1 | 31.3 | 16.3 | 11.5 | 17.1 | 18.1 | 13.6 | 24.2 | 13.8 | 15.7 |
| E12/m | 0.26 | 0.15 | 0.03 | 0.16 | 0.24 | 0.43 | 0.07 | 0.68 | 0.31 | 0.45 |

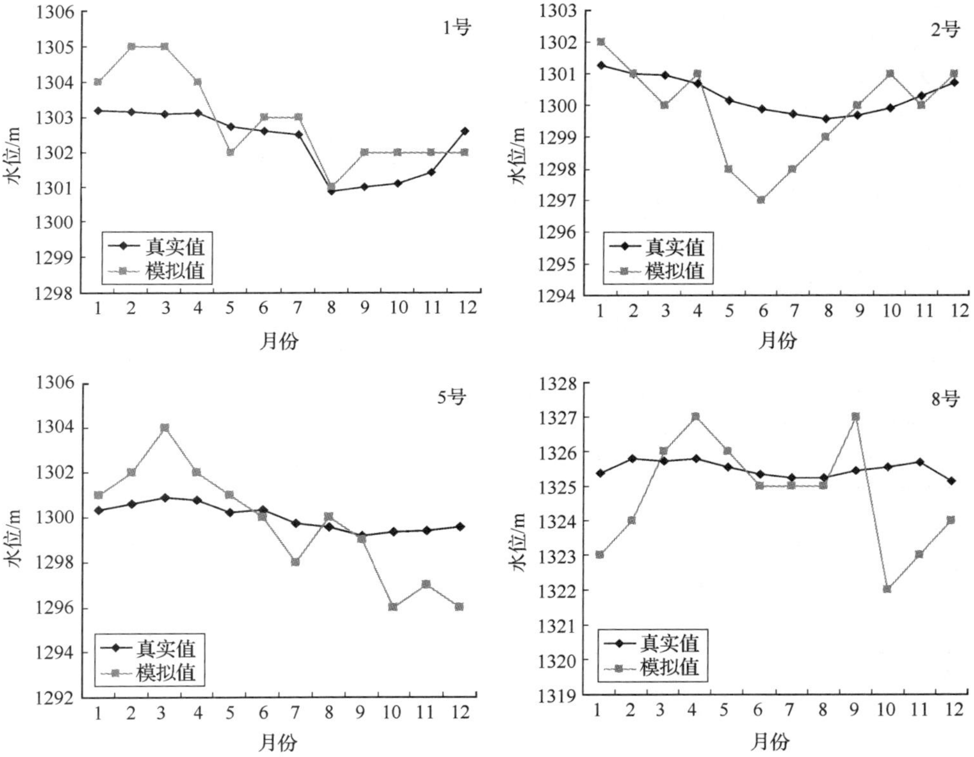

图 2.38　地下水位实测值与 FEFLOW 模拟值对比（2003 年）

## 2.2.3　不同节水方案的地下水动态变化预测

参照《石羊河流域重点治理规划》（2006 年）、《民勤县节约用水发展规划》（2004 年）等有关文献资料，运用本书建立的地下水位动态 FEFLOW 模型对民勤绿洲地下水位时空动态进行模拟。

表 2.9、表 2.10 分别为模拟情景的设定和各情景下未来地下水位变化的预测结果。

**表 2.9　各种模拟情景简介**

| 情景 | 说明 |
|---|---|
| 现状条件 | 地表来水(民勤蔡旗断面下泻水量)为 $0.98\times10^8\,\mathrm{m}^3$,渠系利用系数达 74%,田间水利用率达 70%,耕地面积为 82 万亩,地下水开采量为 5.17 亿 $\mathrm{m}^3$。降雨量为 112.3mm,大气蒸发量为 2643.9mm,地下水初始水位采用 2003 年末实测资料,气象资料采用 2003 年的实测资料(接近多年平均情况) |
| 情景一(C1):气候的变化 | C12:降雨量增加 90%,大气蒸发下降 10%,其他保持现状不变(极端有利情况)<br>C13:降雨量下降 50%,大气蒸发增加 20%,其他保持现状不变(极端不利情况) |
| 情景二(C2):田间水利用系数和渠系防渗的变化 | C22:渠系利用系数达 80%,田间水利用率达 80%<br>C23:渠系利用系数达 90%,田间水利用率达 90% |
| 情景三(C3):上游调水的不同情况 | C32:有外流域调水及流域内调水工程实施时,地表来水分别达到 $3.75\times10^8\,\mathrm{m}^3$<br>C33:有外流域调水及流域内调水工程实施时,地表来水分别达到 $1.25\times10^8\,\mathrm{m}^3$ |
| 情景四(C4):关井压田的变化 | C42:关闭机井 2475 眼,压缩灌溉面积 16.5 万亩<br>C43:关闭机井 4125 眼,压缩灌溉面积 27.5 万亩 |
| 情景五(C5):规划措施和气候变化趋势影响下的情景分析 | 地表来水(民勤蔡旗断面下泻水量)为 $2.5\times10^8\,\mathrm{m}^3$,灌溉面积减少 22 万亩,变为 60 万亩,关闭机井 3300 眼,地下水开采量减少到 0.86 亿 $\mathrm{m}^3$,渠系利用系数达 90%,田间水利用率达 90%,降雨量增加 10%,大气蒸发增加 10% |

**表 2.10　各情景下模拟得到的地下水位和地下水平衡情况简介**(2020 年模拟结果)

| 不同情景设置 | | 年平均地下水位/m | 地下水均衡/($10^8\,\mathrm{m}^3/\mathrm{a}$) |
|---|---|---|---|
| 现状条件 | | 1314.45 | −3.215 |
| C1 | C12 | 1314.85 | −3.095 |
| | C13 | 1312.16 | −3.615 |
| C2 | C22 | 1315.22 | −2.698 |
| | C23 | 1316.08 | −2.135 |
| C3 | C32 | 1318.36 | −0.751 |
| | C33 | 1315.88 | −2.321 |
| C4 | C42 | 1318.85 | −0.323 |
| | C43 | 1317.21 | −1.756 |
| C5 | | 1320.08 | 1.813 |

　　气候变化条件下的模拟预测结果表明,地下水流场总体分布情况较现状条件下趋于一致,两种情景下地下水位有不同程度的上升和下降,当降雨量增加 90%,大气蒸发下降 10%,平均水位比现状条件上升 0.4m;降雨量下降 50%,大气蒸发增加 20% 时,平均地下水位比现状条件下降 2.25m。

　　人类活动对地下水位的干扰比气候变化的干扰更强烈,在提高渠系水利用系数以及田间水利用率条件下(C22 和 C23),地下水位下降速度有所减缓,但减缓程度并不是很明显。不同地表来水条件下(C32 和 C33)地下水位动态过程差别较大。总体来看,随着地表来水的增加,地下水位下降幅度减小甚至有所回升。关井压田(C42 和 C43)可以明显减缓地下水位的下降速度,而且在绿洲中央地下水位下降速度减小幅度较边缘地区要大,绿洲中央的地下水位动态对关井压田的反应更强。

　　综合措施的采用对地下水位的恢复力度最大,其中绿洲中央地下水位将以年均 1.4m 的速度上升,2020 年、2025 年、2030 年地下水位分别可回升到 1324m、1330m、1336m。尽管仍有降落漏斗存在,但降落漏斗的地下水位明显回升 3～6m,面积逐年逐渐减小。

## 2.3　小　　结

　　通过室内土柱实验、田间渠道渗漏监测及数值模拟,研究了不同渠道衬砌及不同渠床土质条件下渠道水渗漏的水文过程;发展了考虑渠系分布的区域地下水动态 FEFLOW 模型,对灌区不同节水改造及水资源利用情景下地下水时空动态进行了模拟。主要结论如下:

　　(1) 通过室内层状夹砂土柱一维薄层积水入渗试验和相应情况下均质土柱的对照试验,系统研究了夹砂层对入渗强度、湿润锋行进和沿程土壤含水率变化的影响。研究结果表明,当湿润锋穿过土层交界面时入渗率有较大波动,且最终进入稳渗阶段,其稳渗率明显小于同时刻均质土入渗率,说明夹砂层具有一定的阻水减渗作用。根据试验和分析,提出了针对层状夹砂土入渗的 S-Green-Ampt 模型,该模型可以较准确地反映层状土入渗的机理和更好地模拟层状夹砂土入渗过程。根据土壤水动力学原理,提出了计算多层土壤稳定入渗率的饱和层最小通量法。研究结果表明,这种计算多层土壤稳渗率的方法物理意义明确、误差较小。与改进的 S-Green-Ampt 公式相比,不需要考虑下层土壤的进水吸力,同时考虑了多层土壤对入渗的影响,更适用于实际情况下分层土壤稳定入渗率的估算。

　　(2) 选取黄河中下游山东位山灌区渠道渗漏作为地下水浅埋典型地区,分别对不同地下水埋深、不同渠床土质、考虑蒸散发等情况下的渠道渗漏过程进行了模拟分析。结果表明,随着地下水埋深的增加,渠道渗漏总量呈线性增加趋势。对于渠床上下两层土壤,上层土质对渗漏过程的影响较大。在地下水埋深较小时,蒸散发对渠道总渗漏量及地下水补给量影响不大。在石羊河流域农业与生态节水试验站采用静水法进行了复杂层状土情况下混凝土衬砌、卵石衬砌、渠床压实处理＋黏土衬砌和渠床压实处理四种渠道的渗漏试验,并进行了相应的数值模拟。结果表明,当渠床附近土壤呈压实和弱透水特性时,会显著降低渠道渗漏强度,而其他防渗措施(如混凝土、卵石衬砌)产生的影响居次。通过数值模拟结果表明,渠道渗漏强度受渠道衬砌形式的影响最大,其次为渠床附近的弱渗透性土层,而层状渠床下强渗透性土层具有一定的减渗作用;均质土和层状土在渠道渗漏量相近情况下,土壤水分分布具有较大不同。

(3) 结合 GIS 和地下水模拟模型 FEFLOW,建立了民勤绿洲地下水位动态模拟模型。通过对当地井群、渠系的数字化定位,较为精确地考虑了地下水开采、渠道渗漏等地下水主要补给和消耗项对区域地下水动态变化的影响,并为科学合理地预测各种节水改造措施对地下水动态的影响提供了可能。在此基础上模拟了气候变化、人类活动,灌区节水改造及实施综合工程等多种情景下民勤绿洲地下水位时空变化规律及地下水均衡情况。研究结果表明,灌区节水改造(提高渠系水利用系数以及田间水利用率)条件下,地下水位下降速度有所减缓,但减缓程度并不是很明显。不同地表来水条件下地下水位动态过程差别较大。总体来看,随着地表来水的增加,地下水位下降幅度减小甚至有所回升。关井压田可以明显减缓地下水位的下降速度。

## 参 考 文 献

[1] Šimůnek J, van Genuchten M Th, Šejna M. Development and applications of the HYDRUS and STANMOD software packages and related codes. Vadose Zone Journal, 2008, 7(2): 587—600.

[2] 王春颖,毛晓敏,赵兵. 层状夹砂土柱室内积水入渗试验及模拟. 农业工程学报,2010, 26(11):61—67.

[3] 毛晓敏,尚松浩. 计算层状土稳定入渗率的饱和层最小通量法. 水利学报,2010,41(7): 810—817.

[4] 雷志栋,杨诗秀,谢森传. 土壤水动力学. 北京:清华大学出版社,1988.

[5] 韩用德,罗毅,于强,等. 非均匀土壤剖面的 Green-Ampt 模型. 中国生态农业学报,2001, 9(1):31—33.

[6] 孙美,毛晓敏,陈剑,等. 夹砂层状土条件下渠道渗漏的室内试验和数值模拟. 农业工程学报,2010,26(8):33—38.

[7] 蒋定生,黄国俊. 黄土高原土壤的入渗速率研究. 土壤学报,1986,23(4):299—304.

[8] 姚立强,毛晓敏,冯绍元,等. 不同防渗措施对渠道渗漏量及周边土壤水分的影响. 水利学报,2010,41(11):1360—1366.

[9] Fok Y S. One-dimensional infiltration into layered soils. Irrig Drain Div Am Soc Civ Eng, 1970,90:121—129.

[10] 史海滨,田军仓,刘庆华. 灌溉排水工程学. 北京:中国水利水电出版社,2006.

[11] 杨红娟,倪广恒,胡和平,等. 渠道渗漏的数值模拟分析. 中国农村水利水电,2005,(8):

4,5.

[12]　Mao X M,Wang Y Y,Zhang X. Modeling canal seepage and the induced groundwater response//Wang Y X. Calibration and Reliability in Groundwater Modeling：Managing Groundwater and the Environment. Wuhan：China University of Geosciences Press,2009：275—278.

[13]　DHI-WASY,2010. FEFLOW finite element sub surface flow and transport simulation system-User's manual/referencemanual/white papers. Recent release 6.0 Tech. rep. ，DHI-WASY GmbH,Berlin,http：//www. feflow. info.

[14]　孙月,毛晓敏,康绍忠. 民勤绿洲地下水数值模拟技术中源汇项分析与研究//现代节水高效农业与生态灌区建设. 昆明：云南大学出版社,2010：288—296.

[15]　俄有浩. 民勤盆地地下水时空动态分布 GIS 辅助模拟. 兰州：兰州大学,2005.

[16]　魏红. 民勤盆地水资源承载力研究. 兰州：兰州大学,2004.

[17]　马兴旺,李保国,吴春荣,等. 绿洲区土地利用对地下水影响的数值模拟分析——以民勤绿洲为例. 资源科学,2002,24(2)：49—55.

[18]　范锡鹏,张国盛,魏余广,等. 甘肃省河西走廊地下水分布规律与合理开发利用研究报告,1988.

# 第 3 章　灌区节水改造对农业水土环境的影响

灌区节水改造所引起的农业水循环会导致其伴生过程发生变化,从而引起水土环境的改变。现代灌区的建设要求在保证粮食增产效益、节水效益的同时,考虑水土环境健康。因此,研究灌区节水改造农业水土环境的影响,对于指导灌区节水改造的实施具有重要的现实意义。目前灌区节水改造主要集中于渠道衬砌及减少灌溉定额。对于北方灌区,农业水土环境主要指土壤水盐、地下水盐环境。本研究主要针对北方地下水深埋灌区咸水灌溉条件下及地下水浅埋灌区渠道衬砌条下农业水土环境的变化,通过田间试验及水土环境的长期定位监测,分析研究了咸水灌溉对土壤盐分累积及作物生长的影响,渠道衬砌对土壤盐分、地下水位及地下水质的影响。

## 3.1　春小麦咸水非充分灌溉试验研究

### 3.1.1　材料与方法

#### 1. 试验设计

本试验主要考虑水分和盐分两种因素,共设置三种水分水平 w1、w2、w3,分别代表作物需水量 $ET_c$ 的 100%、80%、60%;三种盐分水平 s1、s2、s3,分别代表灌溉水矿化度为 0.7g/L、3g/L 和 6g/L。共设 9 个处理,每个处理设 3 组重复,共 27 个试验小区,采用裂区排列方式布置(图 3.1),每个小区面积为 4m×3m=12m²,小

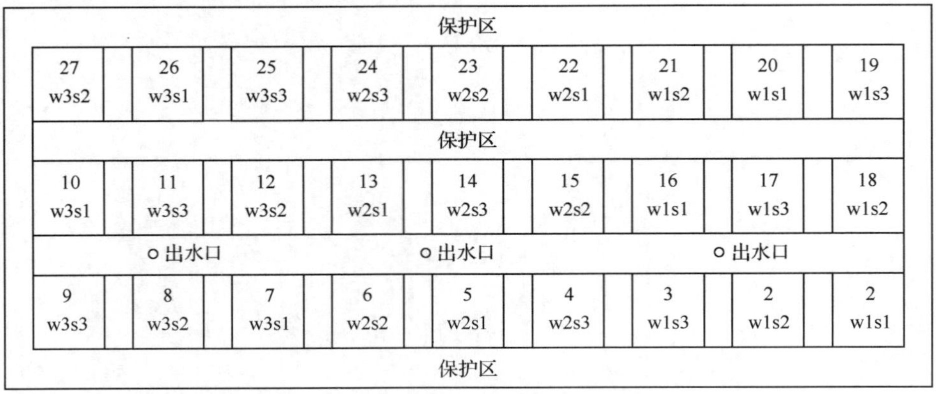

| 保护区 | | | | | | | | |
|---|---|---|---|---|---|---|---|---|
| 27<br>w3s2 | 26<br>w3s1 | 25<br>w3s3 | 24<br>w2s3 | 23<br>w2s2 | 22<br>w2s1 | 21<br>w1s2 | 20<br>w1s1 | 19<br>w1s3 |
| 保护区 | | | | | | | | |
| 10<br>w3s1 | 11<br>w3s3 | 12<br>w3s2 | 13<br>w2s1 | 14<br>w2s3 | 15<br>w2s2 | 16<br>w1s1 | 17<br>w1s3 | 18<br>w1s2 |
| ○出水口 | | | ○出水口 | | | ○出水口 | | |
| 9<br>w3s3 | 8<br>w3s2 | 7<br>w3s1 | 6<br>w2s2 | 5<br>w2s1 | 4<br>w2s3 | 3<br>w1s3 | 2<br>w1s2 | 2<br>w1s1 |
| 保护区 | | | | | | | | |

图 3.1　试验小区布置示意图

区之间设置保护区,宽度为 1.5 m。

2. 试验材料

供试作物为当地春小麦品种永良 4 号,2008 年和 2009 年播种日期均为 3 月 19 日,收获日期均为 7 月 15 日,生育期为 118d。播量为 525kg/hm²,小麦行距为 15 cm。灌溉所用淡水由当地地下水直接抽取,灌溉所用咸水采用质量比为 2：2：1 的 NaCl、MgSO₄ 和 CaSO₄ 混合地下水配制而成。各小区其他条件及措施均与当地一致。记录试验过程中灌水时间、历时、除草以及施肥情况。

3. 灌溉制度确定

试验中充分灌溉条件下作物需水量的确定采用参考作物需水量 $ET_0$ 乘以作物系数 $K_c$。利用 2005 年、2006 年、2007 年三年的气象数据,采用 FAO 灌溉排水丛书第 56 分册推荐的 Penman-Menteith 公式计算参考作物需水量 $ET_0$,得到当地春小麦总需水量 $ET_c$ 为 375mm。根据春小麦不同生育阶段,结合当地灌溉经验,设置灌溉制度如表 3.1 所示。四次灌水的时间分别为 2008 年 5 月 4 日、5 月 30 日、6 月 21 日、7 月 2 日,2009 年分别为 4 月 26 日、5 月 15 日、6 月 4 日、6 月 26 日。

表 3.1　春小麦咸水非充分灌溉制度(单位：mm)

| 处理 | 出苗～分蘖<br>4-1～4-15 | 分蘖～拔节<br>4-16～5-4 | 拔节～抽穗<br>5-5～5-31 | 抽穗～灌浆<br>6-1～6-25 | 灌浆～成熟<br>6-26～7-15 | 合计 |
|---|---|---|---|---|---|---|
| w1s1 | — | 90 | 97.5 | 105 | 82.5 | 375 |
| w1s2 | — | 90 | 97.5 | 105 | 82.5 | 375 |
| w1s3 | — | 90 | 97.5 | 105 | 82.5 | 375 |
| w2s1 | — | 72 | 78 | 84 | 66 | 300 |
| w2s2 | — | 72 | 78 | 84 | 66 | 300 |
| w2s3 | — | 72 | 78 | 84 | 66 | 300 |
| w3s1 | — | 54 | 58.5 | 63 | 49.5 | 225 |
| w3s2 | — | 54 | 58.5 | 63 | 49.5 | 225 |
| w3s3 | — | 54 | 58.5 | 63 | 49.5 | 225 |

4. 观测项目与方法

试验观测内容主要包括三部分:春小麦产量、土壤水盐数据、气象资料。每个小区收割 1m² 脱粒后自然风干、称重,然后折算出每公顷产量。土壤含水量采用取土烘干法测定。小麦各生育期在每个小区采用土钻取土测定土壤含水率,深度分别为 0～10cm、10～20cm、20～40cm、40～60cm、60～90cm、90～110cm、110～130cm,每次取后回填钻孔并做标记。将土样粉碎、过 1mm 筛后,采用 1：5 的土水比制成土壤浸提液,利用 SG-3 型电导率仪测定其电导率 $EC_{1:5}$。利用已有资料拟合出电导率 $EC_{1:5}$ 与全盐量 $S$ 的相关关系(图 3.2),将 $EC_{1:5}$ 转化为土壤全盐量。

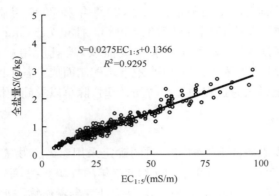

$$S=0.0275EC_{1:5}+0.1366$$
$$R^2=0.9295$$

图 3.2　$EC_{1:5}$ 与全盐量 $S$ 关系

### 3.1.2　试验结果与分析

#### 1. 土壤水分分布

以 2008 年 0~120cm 土壤剖面含水率的动态变化为例(图 3.3),可以看出土壤剖面含水率的分布主要受灌溉水量和土壤质地的影响,灌溉水矿化度对土壤含水率剖面分布的影响不明显。

土壤剖面表层(0~20cm)含水率低,中间层(20~80cm)含水率较高,底层(80cm 以下)含水率较低。由于日照强烈,蒸发强度大,土壤表层水分散失速度快,而且表层土壤为砂质壤土,保水性差,水分易于蒸发或入渗,因此土壤含水率很低;中间层为壤土层,灌溉补给的土壤水分多存储于中间层,保水性较好;底层土壤为壤土层,与 125cm 以下的黏土层接近,小麦生育初期,由于冬灌的补给,该土层的水分接近饱和含水率,小麦生育期内只有灌溉量较大时灌溉水能补给到该土层,该土层的含水率与中间层相比略低,整个生育期呈持续降低的趋势。

不同灌溉水量,土壤剖面含水率的差异主要表现在水分存储和消耗层深度有所不同。充分灌溉 w1 处理,灌溉水量大,灌溉水分可以补给到 100cm 土层深度处,40~100cm 为壤土层,保水性较好,有利于水分存储,灌溉补给的水分存储在该土层供作物利用,土壤水分消耗最大的层次为 30~90cm 土层。非充分灌溉 w2 处理,由于灌溉水量减少,灌溉水仅能补给 80cm 以上土层,有限的水量在维持作物吸收利用之后,没有明显的土壤水分存贮层,土壤水分消耗最大的层次为 40~80cm 土层。非充分灌溉 w3 处理,作物生育初期土壤含水率较高,然而由于灌溉

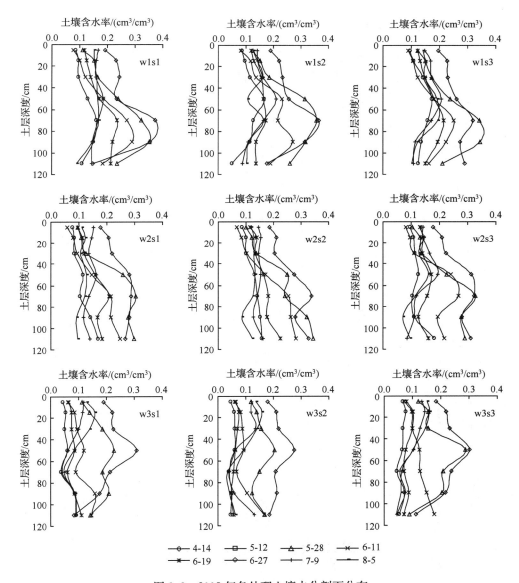

图 3.3　2008 年各处理土壤水分剖面分布

水量少,有限的水量只能补给 0~60cm 土层,深层土壤得不到有效的水分补给,造成 60cm 以下含水率极低,土壤水分消耗最大的层次为 40~60cm 土层。

　　由此可见,非充分灌溉导致灌溉补给的水分主要集中在浅层土壤中,且灌水量越小这一层越接近地表,土壤水分存储层和消耗层均向浅层移动;两年试验中,3g/L 和 6g/L 的咸水灌溉对土壤水分分布没有产生明显的影响。

## 2. 土壤盐分分布规律

以 2008 年土壤盐分剖面变化为例（图 3.4），可以看出土壤剖面中盐分的分布有明显的规律性，盐分在土壤中的积累深度随灌水量的增大而加深，积盐程度随灌水矿化度的增大而加剧。

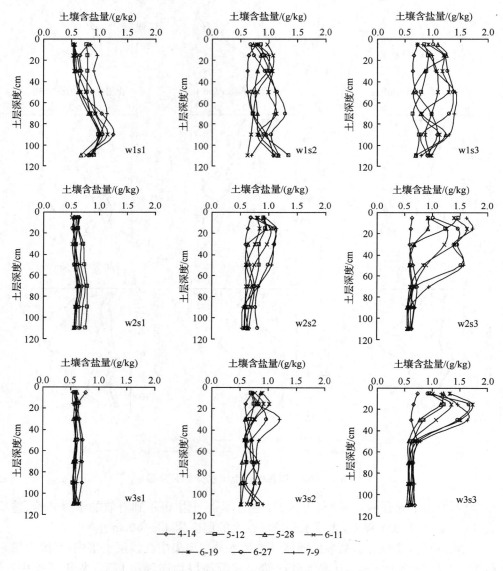

图 3.4　2008 年春小麦各处理土壤盐分剖面分布

充分灌溉条件下,100cm 以上土层土壤含盐量均有所增加,w1s2 和 w1s3 处理在小麦收获期,土壤盐分含量均达 1.0g/kg 以上,w1s1 土壤含盐量也有所增加;轻度缺水 w2 处理,盐分主要积累在 80cm 以上土层,其中 50cm 以上土壤含盐量相对于较深层土壤含盐量高,且全盐量最大值出现在距地表 50cm 处;w3 处理的盐分积累最浅,主要积累在 0~50cm 土体内,全盐量最大值出现在距地表 20~30cm 处。2009 年,不同灌水量下,土壤盐分积累特征与 2008 年相似,由于灌溉次数的增多,非充分灌溉条件下浅层土壤的盐分有向深层积累的趋势,可见,盐分在土壤中的积累主要受灌水量的影响,灌溉水量越大,盐分积累的深度越大,积累的程度越严重。

咸水非充分灌溉对土壤剖面盐分分布的影响主要表现在对盐分累积层的深度和积盐程度的影响,与充分灌溉相比,咸水非充分灌溉使盐分积累层的下边界向浅层移动,但盐分积累总量明显降低。

图 3.5 为各处理收获后与播种前的 0~120cm 各土层土壤盐分变化量。土壤盐分变化量为正值时表示盐分积累,为负值时表示盐分被淋洗。淡水灌溉时,土壤盐分变化量基本在 0 左右,除 w2s1 处理部分土层盐分略有增加外,其他处理各土层的盐分均有所降低,可见小麦生育期内淡水灌溉可以将少部分盐分淋洗至深层土壤。灌溉水矿化度越大,0~60cm 土层土壤盐分积累程度越严重,而灌溉水量越大,盐分积累的深度越深。2008 年,w1、w2 和 w3 处理盐分分别积累至 100、80 和 60cm 土层。各处理 2009 年盐分积累的深度与 2008 年相比均有所增加,充分灌溉 w1 处理 120cm 以上土层,w2 处理 100cm 以上土层和 w3 处理 80cm 以上土壤盐分均有所增加。由于 2009 年盐分积累的深度增加,各土层盐分积累量趋于均匀分布,灌水量越大,土壤剖面的盐分峰值区越不明显,如 w1s3 处理除表层外,各土层盐分增加量均在 0.5g/kg 左右,而 w2s3 处理 10~80cm 土层的盐分增加量在 0.2g/kg 左右,w3s3 处理则存在明显的峰值区,地表以下 50cm 土层盐分增加量高达 1.0g/kg,0~50cm 土壤盐分增加量随深度的增加而增大,50~100cm 土层土壤盐分增加量随深度的增加而减少。

由此可见,灌溉水质一定时,非充分灌溉可以降低盐分的积累量,减小盐分的积累深度;与充分灌溉相比,非充分灌溉导致盐分积累层向浅层土壤移动,且灌溉水矿化度越大,盐分的峰值区域越明显;随着咸水使用时间的增长及灌溉次数的增多,非充分灌溉条件下的盐分峰值区域也逐渐向深层土壤移动,且时间越长,盐分峰值区域越不明显,形成盐分自上而下累积的趋势。

3. 春小麦耗水规律

根据实测的土壤含水率资料,计算土层为 0~120cm 土层,采用水量平衡法求得春小麦生育期内的耗水量(表 3.2)。春小麦的耗水组成主要来自灌溉和土壤水

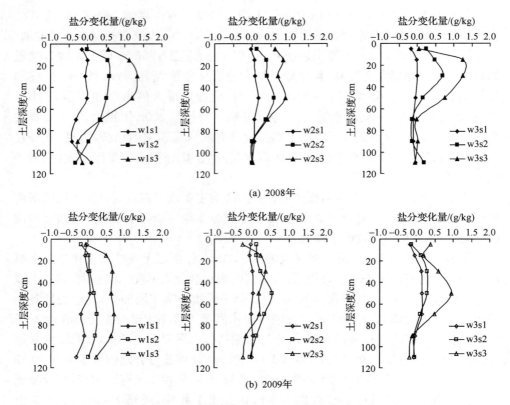

(a) 2008年

(b) 2009年

图 3.5　各处理不同土层土壤盐分变化量

分消耗,且灌溉水量越小,土壤水分对耗水总量的贡献率越大,重度缺水条件下土壤水分的消耗可达耗水总量的 40% 以上。

表 3.2　春小麦耗水组成

| 处理 | 灌溉量/mm | 降雨量/mm | | 土壤水分变化量/mm | | 下边界水分通量/mm | | 耗水量/mm | |
|---|---|---|---|---|---|---|---|---|---|
| | | 2008 年 | 2009 年 | 2008 年 | 2009 年 | 2008 年 | 2009 年 | 2008 年 | 2009 年 |
| w1s1 | 375 | 27.8 | 31.6 | 185.1 | 170.3 | −7.7 | −3.8 | 580.2 | 567.0 |
| w1s2 | 375 | 27.8 | 31.6 | 199.6 | 133.9 | −4.1 | −4.8 | 598.2 | 529.5 |
| w1s3 | 375 | 27.8 | 31.6 | 162.0 | 121.6 | −4.4 | −3.1 | 560.5 | 518.9 |
| w2s1 | 300 | 27.8 | 31.6 | 205.0 | 146.0 | −2.9 | −0.5 | 529.9 | 470.9 |
| w2s2 | 300 | 27.8 | 31.6 | 214.3 | 125.6 | −2.3 | −0.5 | 539.8 | 450.5 |
| w2s3 | 300 | 27.8 | 31.6 | 219.5 | 109.0 | −2.2 | −0.1 | 545.1 | 434.3 |
| w3s1 | 225 | 27.8 | 31.6 | 173.7 | 184.6 | −0.7 | −0.3 | 425.9 | 434.7 |
| w3s2 | 225 | 27.8 | 31.6 | 193.3 | 146.8 | −0.6 | −0.2 | 445.5 | 397.0 |
| w3s3 | 225 | 27.8 | 31.6 | 189.3 | 154.5 | −0.1 | −0.9 | 442.0 | 404.0 |

春小麦耗水量随灌溉水量的增大而增大。2008 年,轻度缺水处理的春小麦耗水量与充分灌溉相比降低 3%～10%,重度缺水降低 21%～27%;2009 年,轻度缺水处理耗水量与充分灌溉相比降低 15%～17%,重度缺水降低 22%～25%。灌溉水质对春小麦耗水量的影响不显著。

可见,在两年试验中,非充分灌溉使春小麦的耗水量减少,水分亏缺对春小麦耗水的影响处于主导地位,重度缺水的影响尤为显著,而灌溉水矿化度对春小麦耗水量的影响较小,然而盐分胁迫对春小麦耗水的影响将随着咸水使用时间的增长而增强。

**4. 春小麦产量和水分利用效率**

表 3.3 为春小麦的产量和水分利用效率(WUE)。灌溉水质对春小麦产量的影响仅在 2008 年重度缺水条件下显著,在其他水分条件下均不显著。充分灌溉下(w1),产量随灌水矿化度的增大而减少,与 w1s1 处理相比,3g/L 和 6g/L 充分灌溉处理的产量降低约 2%～9%。轻度缺水条件下(w2),两年均以 3g/L 处理产量最低,6g/L 处理略高于淡水处理。重度缺水条件下(w3),2008 年,3g/L 处理产量最高,淡水和 6 g/L 处理产量分别为 3g/L 处理的 94.6% 和 96.7%;2009 年,产量随灌溉水矿化度的增大而降低。灌溉水量对产量的影响在 2008 年 6g/L 处理下显著。2008 年,产量随灌溉水量的增大而增大,轻度缺水下产量降低 1%～6%,重度缺水下产量降低 24%～28%。2009 年,淡水灌溉时,充分灌溉产量最高,不同水量处理间产量的差异不超过 3%;3g/L 和 6g/L 灌溉时,轻度缺水处理的产量最高,充分灌溉和重度缺水处理与其相比产量降低不超过 10%。与淡水充分灌溉相比单独的水分胁迫、单独的盐分胁迫及水盐联合胁迫下产量分别降低 2%～9%、1%～28%、2%～30%。

**表 3.3　春小麦的产量和水分利用效率**

| 处理 | | w1s1 | w1s2 | w1s3 | w2s1 | w2s2 | w2s3 | w3s1 | w3s2 | w3s3 |
|---|---|---|---|---|---|---|---|---|---|---|
| 产量 /(kg/ha) | 2008 年 | 7432 | 7245 | 7084 | 7004 | 6737 | 7074 | 5357 | 5542 | 5246 |
| | 2009 年 | 7223 | 6639 | 6581 | 7012 | 6836 | 7062 | 7121 | 6486 | 6402 |
| WUE /(kg/m³) | 2008 年 | 1.28 | 1.21 | 1.26 | 1.32 | 1.25 | 1.30 | 1.26 | 1.24 | 1.19 |
| | 2009 年 | 1.27 | 1.25 | 1.27 | 1.49 | 1.52 | 1.63 | 1.64 | 1.63 | 1.58 |

灌溉水量对春小麦 WUE 的影响在 2008 年不显著,在 2009 年试验中,非充分灌溉显著提高了春小麦的 WUE;灌溉水矿化度对 WUE 的影响在两年试验中均不显著。2008 年不同灌溉水量春小麦 WUE 相差不大,总体在 1.2kg/m³ 左右;2009 年除 6g/L 处理下,重度缺水的水分利用效率低于轻度缺水处理外,相同灌溉水质条件下水分利用效率均随灌溉水量的减少而增大,轻度水分亏缺的 WUE 与充分

灌溉相比提高 17%~29%,重度水分亏缺可提高 22%~31%。水分利用效率最高的为 w3s1 处理,高达 1.64kg/m³。

## 3.2　含盐土壤春玉米节水灌溉试验研究

### 3.2.1　材料与方法

试验于 2008~2009 年 4~10 月在中国农业大学石羊河流域农业与生态节水试验站进行,该试验站位于甘肃省武威市,地处腾格里沙漠边缘,为典型的干旱荒漠区,多年平均降水量 164.4mm,多年平均蒸发量达 2000mm 左右,试验站所在地地下水位埋深达 40~50m。试验用非称重式蒸渗仪(新测坑)面积为 6.67m²,(长 3.33m、宽 2m),深 3m,四周为混凝土衬砌,试验区周围设保护行,土壤初始含盐量为 0.1%~0.2%,属轻度盐化土壤,土壤相关理化性质如表 3.4 所示。

表 3.4　含盐土壤非充分灌溉试验地土壤理化性质

| 土层深度/cm | 各级颗粒含量/% | | | 容重/(g/cm³) | 田间持水率/% | 全氮/(g/kg) | 全磷/(g/kg) | 全钾/(g/kg) | 有机质/(g/kg) | 阳离子交换量/(mmol/kg) | pH | 土壤分类(国际制) |
|---|---|---|---|---|---|---|---|---|---|---|---|---|
| | 砂粒 | 粉粒 | 黏粒 | | | | | | | | | |
| 0~20 | 36.12 | 42.00 | 21.88 | 1.52 | 29 | 0.29 | 0.43 | 20.90 | 2.60 | 249 | 8.85 | 粉壤土 |
| 20~40 | 34.12 | 42.00 | 23.88 | 1.50 | 31 | 0.26 | 0.50 | 20.00 | 2.64 | 228 | 8.90 | |
| 40~300 | 36.12 | 46.00 | 17.88 | 1.54 | 32 | 0.42 | 0.56 | 19.80 | 5.69 | 238 | 8.50 | |

供试春玉米为沈单 16 号,种植密度为每小区 56 株,覆膜种植。灌溉制度参照 1956~2005 年春玉米平均蒸发蒸腾量(ET$_c$)约 510mm 并结合当地灌溉经验制定,试验设 3 种灌溉水量水平(ET$_c$、2/3ET$_c$ 和 1/2ET$_c$,灌溉定额分别为 510mm、340mm 和 255mm),两种灌溉水质水平(0.7g/L 的淡水和 3g/L 的微咸水),共计 6 种处理,每个处理 3 组重复,共 18 个小区,具体灌水方案如表 3.5 所示。本试验灌溉用水根据当地地下水化学组成,用质量比为 2∶2∶1 的 NaCl、MgSO$_4$、CaSO$_4$ 配制成 3g/L 的微咸水对春玉米进行灌溉。各处理每年的灌水矿化度不变。2008 年于 5 月 1 日播种,9 月 25 日收获;2009 年于 4 月 15 日播种,9 月 15 日收获。灌水方法以及各种农艺措施与上文中咸水非充分灌溉方案一致。

#### 表 3.5　春玉米含盐土壤非充分灌溉灌水方案

| 处理 | 灌溉水矿化度/(g/L) | 灌水定额/mm | | | | 灌溉定额/mm |
| --- | --- | --- | --- | --- | --- | --- |
| | | 拔节~孕穗 | 孕穗~抽雄 | 抽雄~灌浆 | 灌浆~蜡熟 | |
| SF | 0.7 | 80 | 90 | 90 | 80 | 510 |
| DF | 0.7 | 53 | 60 | 60 | 53 | 340 |
| DDF | 0.7 | 40 | 45 | 45 | 40 | 255 |
| S3 | 3 | 80 | 90 | 90 | 80 | 510 |
| D3 | 3 | 53 | 60 | 60 | 53 | 340 |
| DD3 | 3 | 40 | 45 | 45 | 40 | 255 |

注：SF、DF、DDF 分别为淡水灌溉下充分灌溉 $ET_c$、轻度缺水 $2/3ET_c$ 和重度缺水 $1/2ET_c$ 处理；S3、D3、DD3 分别为微咸水灌溉下充分灌溉 $ET_c$、轻度缺水 $2/3ET_c$ 和重度缺水 $1/2ET_c$ 处理。2008 年试验灌水时间分别为：2008-6-7，2008-7-3，2008-7-26，2008-8-23；2009 年试验灌水时间分别为：2009-6-9，2009-6-30，2009-7-25，2009-8-14。

观测内容包括土壤含水率、土壤含盐量、产量。每个处理于 30cm、60cm、100cm、150cm 处安装 hydra 探头（Stevens Water Monitoring Systems，Inc）监测土壤水分状况，监测时间为每两小时一次，本书采用为日平均数据。春玉米播种前、收获后及作物生育期内利用土钻取土，取土深度为 200cm，每 20cm 一层。将土样粉碎、风干、过 1mm 筛后，采用 1∶5 的土水比制成土壤浸提液，利用 SG-3 型电导率仪测定其电导率并转化为土壤全盐量。

#### 3.2.2　结果与分析

##### 1. 土壤水分分布规律

在整个春玉米生育期内，各试验处理土壤含水量变化趋势基本一致，土壤含水量随土层深度的增加而增大，各处理 30cm 和 60cm 处土壤水分季节变化明显，100cm 处土壤含水量灌溉后略有增大，150cm 处土壤含水量基本不受灌溉影响。

相同灌溉水质条件下，充分灌水处理各土层深度水分供给基本平衡，试验初始和结束时土壤含水量基本一致，非充分灌溉时各土层深度土壤含水量总体降低，部分土壤水分被作物吸收利用，灌水量越少，降低趋势越明显。以 2009 年淡水灌溉不同深度土壤含水率变化为例（图 3.6），相同灌溉水质时，30cm 土层处，中度缺水处理土壤含水量略高于充分灌溉和重度缺水处理；100cm 土层处，土壤含水量均随灌溉水量的减少而降低，充分灌溉处理和中度缺水处理 60cm 和 150cm 处的土壤含水量的差异不显著。重度缺水处理各土层的土壤含水率明显低于充分灌溉和中度缺水处理。可见，灌溉水量越小，深层土壤水分越能够得到充分利用。相同灌溉水量条件下，淡水和微咸水处理的土壤含水量差异不明显，微咸水处理的土壤含水率略高于淡水灌溉处理。

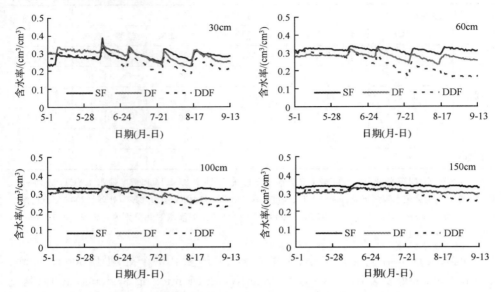

图 3.6　2009 年淡水灌溉不同灌水量处理土壤含水率分布

### 2. 土壤盐分分布规律

图 3.7 为 2009 年各处理全盐量在土壤剖面的动态分布,图 3.8 为其播种-收获期土壤剖面盐分变化量,正值表示土壤盐分积累,负值表示土壤盐分被淋洗。由以上两图可知,土壤初始含盐量较大,在 1.5～2.0g/kg 之间,由于土壤初始含盐量较大,淡水和 3g/L 灌溉时,浅层土壤盐分在春玉米生育期内主要被灌溉水淋洗至深层土壤,土壤含盐量降低。不同灌溉水量和灌溉水矿化度处理,浅层土壤盐分的淋洗程度和深层土壤盐分积累的程度以及盐分淋洗和积累的层次也有所不同。

淡水灌溉下,SF 的 0～80cm、DF 的 0～60cm 以及 DDF 的 0～40cm 土层,土壤盐分随深度的增加而增大,说明灌溉水将盐分自上而下淋洗,由图 3.8 可知,SF 的 0～60cm、DF 的 0～40cm 以及 DDF 的 0～20cm 收获时土壤盐分与播种前期相比均减少,处于脱盐状态,且灌溉水量越大,盐分降低程度越大,为淋洗脱盐层。SF 的 60～130cm、DF 的 40～100cm 以及 DDF 的 20～60cm 土层的含盐量处于增加状态,浅层的土壤盐分淋洗至该土层,为盐分积累层,灌溉量越大,该土层盐分积累越多,深度也越深。SF 的 130cm 以下土层、DF 的 100cm 以下土层和 DDF 的 60cm 以下土层的含盐量处于相对稳定的状态,该土层土壤含盐量较为稳定,基本不受灌溉的影响,土壤盐分在剖面上均匀分布,在 1.7g/kg 左右,灌溉量越小,该土层的深度越浅,范围越大。

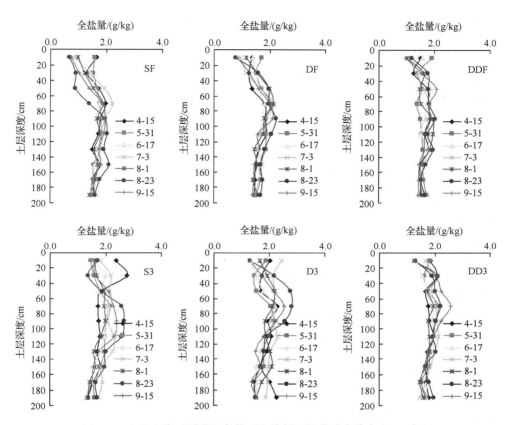

图 3.7　含盐土壤不同灌溉条件下土壤剖面盐分动态分布（2009 年）

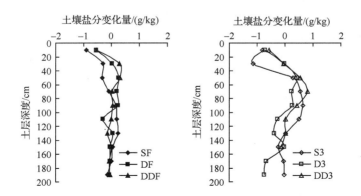

图 3.8　含盐土壤不同灌溉条件下春玉米收获时与播种前土壤剖面盐分变化量（2009 年）

由图 3.7 和图 3.8 可知，3g/L 灌溉条件下，S3 的 0～50cm、D3 的 0～40cm 和 DD3 的 0～30cm 土层为淋洗脱盐层，土壤盐分含量随土层深度的增加而增大，灌溉水将盐分自上而下淋洗,收获时土壤盐分与播种前期相比均减少,处于脱盐状态,且灌溉水量越大,盐分降低程度越大。S3 的 50～130cm、D3 的 40～100cm 以及 DD3 的 30～90cm 土层含盐量处于增加状态,为盐分积累层,一方面浅层的盐分淋洗至该土层,另一方面灌溉水带入一定的盐分。D3 和 DD3 在地表以下 60cm 左右出现盐分峰值区。S3 的 130cm 以下、D3 的 100cm 以下和 DD3 的 60cm 以下土层为相对稳定层。

与相同灌溉水量时的淡水灌溉相比,咸水灌溉时淋洗脱盐层和相对稳定层的土壤含盐量和盐分变化量差别不明显,而盐分积累层的含盐量高于淡水灌溉处理。在春玉米整个生育期,淡水灌溉各处理的土壤剖面的盐分含量均低于 2.0g/kg,而 3g/L 灌溉条件下,在春玉米生长后期,S3 处理 50～130cm,D3 处理 40～100cm,DD3 处理 30～80cm 土层的土壤盐分在均 2.0g/kg 以上,盐分峰值区域含盐量在 2.5g/kg 左右。

综上所述,含盐土壤进行灌溉时,淡水和微咸水灌溉,充分和非充分灌溉对浅层土壤都具有淋洗脱盐的作用,有利于春玉米早期的生长。淡水灌溉时,DF 处理的灌溉水量可以使 0～60cm 土层的盐分在春玉米生育期内降低,有利于春玉米整个生育期的生长;咸水灌溉时,D3 处理可以使 0～40cm 土壤盐分降低,且盐分积累总量比充分灌溉减少,降低盐分积累速率。

### 3. 春玉米耗水规律

耗水量采用水量平衡方程计算,春玉米生育期内降雨量为 110mm;土壤水变化量采用播前与收割后土壤贮水量之差计算,计算值为负即土壤水被利用,计算值为正即土壤水增加,计算深度取为 300cm;毛细管上升水量及径流量均忽略不计,深层渗漏量为实测值,SF 和 S3 处理春玉米生育期内渗漏总量分别为 18mm 和 32mm,耗水量和土壤水分变化量计算结果如图 3.9 所示。

春玉米耗水量随灌溉水量的增大而增大,相同灌溉水量下,微咸水处理的耗水量低于淡水处理的耗水量。灌溉水量越低,土壤水分越能得到充分利用。由此可见,由于土壤含盐量较大,淡水充分灌溉时,盐分胁迫较为严重,水分不能被作物充分利用,土壤水分与播种期相比略有增大,适当减少灌溉水量有利于充分利用土壤水分;微咸水灌溉时,即使在重度缺水条件下土壤水分利用量也很少,而在轻度缺水和充分灌溉时土壤水分则以补给为主,可见即使供水充足,盐分胁迫条件下作物也无法正常利用土壤水分,造成土壤含水率增加。同时,不同灌水量处理,春玉米对不同土层的土壤水分利用程度也有所不同(图 3.9),灌水量越低,50～100cm 土层的水分利用程度越高,DF、DDF 和 DD3 处理,该土层土壤水分消耗量占总土壤水分消耗量的 70% 以上,尽管重度缺水条件下灌溉水仅能补给到 60cm 左右土层的深度,60～110cm 的土层的土壤储水被大量吸收利用。可见土壤含盐量较大时,适

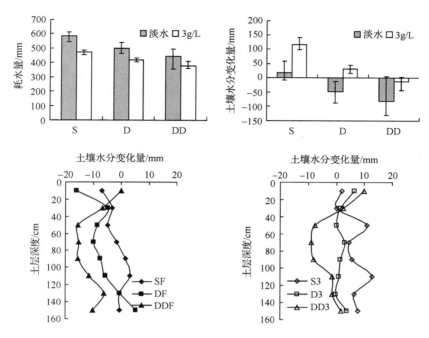

图 3.9　含盐土壤不同灌溉处理春玉米耗水量和土壤水分变化量(2009 年)

当降低灌溉水量有利于春玉米吸收根区土壤水分,能够提高深层土壤水分的利用率。

### 4. 春玉米产量及水分利用效率

由于土壤含盐量较大,即使淡水充分灌溉条件下的产量也无法达到非盐化土壤下的最大产量(图 3.10)。本试验条件下的最大产量仅为 8079kg/ha,为非盐化土壤淡水充分灌溉的 50%左右,产量随灌水量的增大略有提高,但各处理的差异并不显著,灌溉水量和灌溉水矿化度对产量的影响也均不显著,各处理的产量相差不超过 11%。

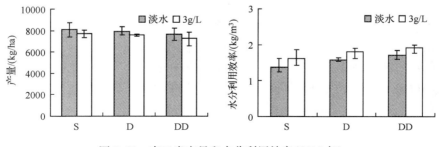

图 3.10　春玉米产量和水分利用效率(2009 年)

　　由于各处理产量差异不显著,而耗水量差异显著,因此水分利用效率差异显著。SF、DF 和 DDF 处理的水分利用效率分别为 1.38kg/m³、1.59kg/m³ 和 1.72kg/m³;S3、D3 和 DD3 处理的水分利用效率分别为 1.63kg/m³、1.81kg/m³ 和 1.92kg/m³。水分利用效率均随灌溉水量的减少而增大,重度缺水的水分利用效率最高。淡水灌溉条件下,DF、DDF 处理的水分利用效率分别比 SF 处理提高 15.1%、8.2%;3g/L 灌溉时,D3、DD3 处理的水分利用效率分别比 S3 处理提高 11.1%、5.7%。相同灌溉水量条件下,微咸水处理的水分利用效率略高于淡水处理,充分灌溉、轻度缺水和重度缺水条件下,微咸水灌溉的水分利用效率分别比淡水灌溉高 17.8%、13.7%、11.1%,灌溉水量越大,差别越明显。

# 3.3　基于 SWAP 模型的土壤水盐运移模拟及预测

### 3.3.1　SWAP 模型简介

　　由荷兰 Wageningen 农业大学等单位开发的 SWAP 模型是一个模拟田间尺度下水分、溶质和热量在土壤-植物-大气环境中运移及作物生长的综合模型,由土壤水分运动、溶质运移、热量传输、土壤蒸发、作物腾发和作物生长等 6 个子模块组成,各个模块并不相互独立,而是相互影响。系统上边界为裸地或有作物生长的土壤表面和相应大气条件;下边界位于非饱和带的底部或地下水的上层,分别考虑大气环境因素和地下水动态变化的影响;在上、下边界之间,水流运动主要按垂向运动考虑,将土层分为若干单元,在每个单元上,耦合求解水分及溶质运移方程和热量传输方程[1]。目前 SWAP 模型已经发展了多个版本,本书采用 SWAP2.0 版本。

　　土壤水分运动采用 Richards 方程描述,根据特定的初始和边界条件,结合土壤水力参数,通过隐式有限差分方法给出非饱和区-饱和区土壤水分分布和腾发量的计算结果;溶质运移过程采用对流弥散方程进行计算;简单作物模型对产量的模拟是按各阶段作物水分状况及相应的腾发量,采用 Doorenbos 和 Kassam 提出的线性模型(D-K 模型)计算作物蒸腾受限制时的相对产量[2],SWAP 模型中运用各生育阶段相对产量连乘的数学模型表示整个生育阶段的相对产量。

　　水盐联合作用下,根系吸水过程的计算方法如下:

　　作物的潜在腾发速率 $T_p$(cm/d)在气象条件的控制下,等于作物最大根系吸水速率沿整个根系深度的积分值。一定土壤深度的潜在根系吸水速率 $S_p(z)$(1/d)与该点的根长密度 $l_{root}(z)$ 成正比:

$$S_{\mathrm{p}}(z) = \frac{l_{\mathrm{root}}(z)}{\displaystyle\int_{-D_{\mathrm{root}}}^{0} l_{\mathrm{root}}(z)\mathrm{d}z} T_{\mathrm{p}} \tag{3.1}$$

式中，$D_{\mathrm{root}}$ 为根系层厚度（cm）。

假设作物根长密度沿根系深度均匀分布，则式（3-1）可简化为

$$S_{\mathrm{p}}(z) = \frac{T_{\mathrm{p}}}{D_{\mathrm{root}}} \tag{3.2}$$

实际上，土壤的过度干旱或者过度湿润以及土壤盐分含量过高所产生的胁迫都会使 $S_{\mathrm{p}}(z)$ 减少。对于水分胁迫导致的根系吸水速率降低，由 Feddes 等[3] 提出的公式表达：

$$S(h,z) = \alpha_{\mathrm{rw}}(h)S_{\mathrm{p}}(z) \tag{3.3}$$

式中，水分胁迫消减系数 $\alpha_{\mathrm{rw}}(h)$ 是关于土壤水压力水头的一个无量纲函数。$\alpha_{\mathrm{rw}}(h)$ 其值的变化范围为 0～1，当 $\alpha_{\mathrm{rw}}(h)$ 等于 1 时，作物根系吸水量等于潜在根系吸水量；当 $0 < \alpha_{\mathrm{rw}}(h) < 1$ 时，植物根区的水分状况很重要。

SWAP 模型中盐分胁迫采用 Mass 等提出的响应函数计算[4]：

$$S(\mathrm{EC},z) = \alpha_{\mathrm{rs}}(\mathrm{EC})S_{\mathrm{p}}(z) \tag{3.4}$$

式中，盐分胁迫消减系数 $\alpha_{\mathrm{rs}}$ 是关于土壤水电导率 EC 的一个无量纲函数。作物的耐盐性存在一个阈值，当盐分小于该阈值时，作物不会受到盐分胁迫；盐分超过阈值时，作物的腾发量将随着土壤盐分浓度的增加而线性减少。$\alpha_{\mathrm{rs}}$ 的取值范围为 0～1。把土壤水中盐分含量用电导率 EC 表示，当 EC 小于临界值 $\mathrm{EC}_{\mathrm{max}}$ 时，$\alpha_{\mathrm{rs}}$ 取值为 1；当 EC 大于电导率临界值 $\mathrm{EC}_{\mathrm{max}}$ 时，$\alpha_{\mathrm{rs}}$ 按线性关系取值（0～1）；当 EC 大于 $\mathrm{EC}_{\mathrm{sw}}$ 时，土壤含盐量过大，作物无法从土壤中吸收水分，$\alpha_{\mathrm{rs}}$ 为 0。

在 SWAP 模型中，水盐联合胁迫采用了乘法式表达，即土壤深度 $z$ 处实际根系吸水率 $S_{\mathrm{a}}(z)$ 通过下式计算：

$$S_{\mathrm{a}}(h,\mathrm{EC},z) = \alpha_{\mathrm{rw}}(h)\alpha_{\mathrm{rs}}(\mathrm{EC})S_{\mathrm{p}}(z) \tag{3.5}$$

模型的上边界受气象条件（降雨、腾发）的控制，边界条件根据土壤表面的具体水分状况决定采用已知水头边界或已知流量边界。下边界条件可以用压力水头、水流通量或二者的关系式描述。本研究中，地下水埋深较大，采用自由排水边界，初始条件包括初始时刻土层剖面的含水率、含盐量分布。

模型的输出结果有累计水量平衡分量与地下水位、逐日水量平衡分量、溶质平衡分量、土壤温度、土壤物理量的剖面分布、作物生长与相对产量等。

## 3.3.2　春小麦咸水非充分灌溉农田土壤水盐运移模拟

### 1. 模型率定与验证

本研究中，主要用到了土壤水分运动模块、溶质运移模块和作物生长模块，模

块的各个部分是相互影响的,一般是依照先土壤水分运动模块、溶质运移模块、最后作物生长模块的顺序进行率定,通过反复迭代,直到各模块都达到率定要求为止,最后输入所有结果。模型率定需要的资料包括模拟时间段内的气象资料,试验地土壤的理化性状和水力特性,灌水成分、农业管理措施及初始条件。利用 2008 年的试验资料对模型进行了率定,2009 年的试验资料用于模型的验证。模拟值和实测值的吻合程度采用均方误差(RMSE)和平均相对误差(MRE)两个指标评价:

$$RMSE = \sqrt{\frac{1}{N}\sum_{i=1}^{N}(P_i - O_i)^2} \tag{3.6}$$

$$MRE = \frac{1}{N}\sum_{i=1}^{N}\left|\frac{P_i - O_i}{O_i}\right| \times 100\% \tag{3.7}$$

式中,$N$ 为观测值的个数;$O_i$ 表示第 $i$ 个观测值;$P_i$ 表示相应的模拟值;$\overline{O_i}$ 为实测数据的平均值。

1)土壤水分模块

根据土壤各层含水率观测值和模拟值的比较分析,相应的调整各层土壤的这些参数,使模拟值和观测值尽可能吻合,最终率定结果如表 3.6 所示。

表 3.6　土壤水力特性参数的初始值和率定结果

| 土层深度 /cm | 残留含水率 $\theta_r$ /(cm³/cm³) | | 饱和含水率 $\theta_s$ /(cm³/cm³) | | 饱和导水率 $K_s$ /(cm/d) | | $\alpha$ (—) | | $n$ (—) | | $\lambda$ (—) | |
|---|---|---|---|---|---|---|---|---|---|---|---|---|
| | M | C | M | C | M | C | M | C | M | C | M | C |
| 0～20 | 0.00 | 0.05 | 0.32 | 0.37 | 29.71 | 25.00 | 0.117 | 0.010 | 1.18 | 2.50 | 0.5 | 0.5 |
| 20～50 | 0.00 | 0.05 | 0.32 | 0.40 | 49.28 | 15.00 | 0.080 | 0.010 | 1.16 | 2.80 | 0.5 | 0.5 |
| 50～85 | 0.00 | 0.08 | 0.37 | 0.38 | 16.59 | 5.00 | 0.010 | 0.010 | 1.23 | 2.50 | 0.5 | 0.5 |
| 85～110 | 0.07 | 0.08 | 0.40 | 0.38 | 33.52 | 15.00 | 0.017 | 0.030 | 1.39 | 2.50 | 0.5 | 0.5 |
| 110～120 | 0.07 | 0.08 | 0.40 | 0.38 | 33.52 | 5.00 | 0.017 | 0.200 | 1.39 | 1.80 | 0.5 | 0.5 |

注:M 表示实测值,C 表示模拟值

以 w2s1 处理为例,图 3.11 为率定和验证中土壤含水率模拟值与实测值的比较,可以看出模拟值与实测值的吻合效果较好,均方误差大部分都小于 0.05cm³/cm³,最大值一般出现在 55cm 或 85cm 土层,相对误差绝大部分低于30%。由于灌水后土壤含水量峰值难以测定,实测值均为灌水之后的值,因此通过模拟的土壤水分分布能够较好的反映不同水量处理间土壤含水量的差异。

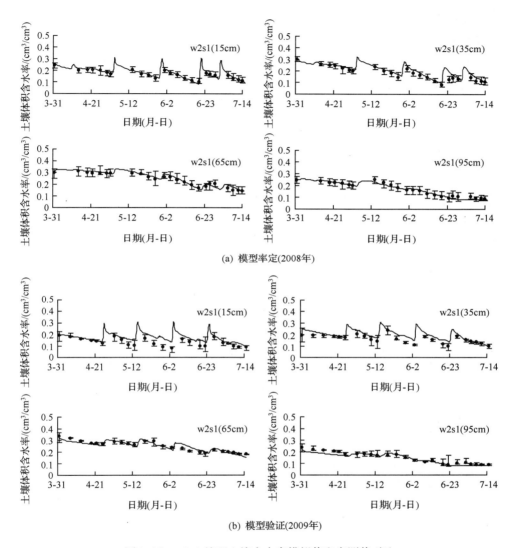

(a) 模型率定(2008年)

(b) 模型验证(2009年)

图 3.11　w2s1 处理土壤含水率模拟值和实测值对比

2）溶质运移模块

溶质运移模块主要是根据土壤剖面盐分含量模拟值和实测值的吻合程度来率定,率定后的扩散系数为 0.5cm²/d,弥散度为 12cm。图 3.12 为 w2s1 处理土壤剖面含盐量率定时模拟值与实测值的比较,误差线表示正负一个标准偏差。土壤含盐量的模拟值基本反映了实测值的变化趋势,作物生育前期模拟值和实测值吻合结果较好。由于没有考虑盐分运移中的吸附等过程,且在春小麦生育后期土壤含水率较低,没有考虑土壤水分特征曲线的滞后效应,因此导致春小麦成熟期(7月

9 日)土壤盐分模拟值和实测值吻合结果较差,但是总体上能够反映盐分随时间和土层深度的变化趋势。

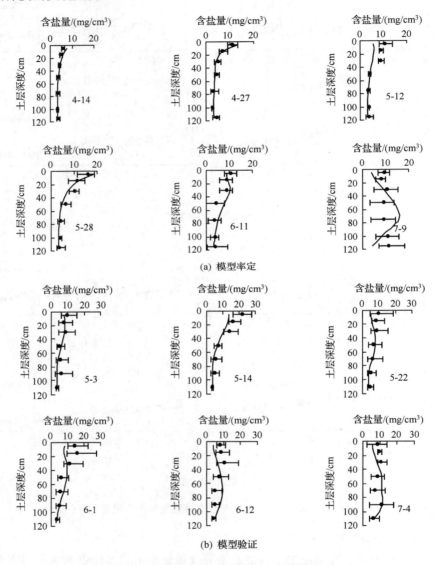

图 3.12　w2s1 处理土壤含盐量模拟值和实测值对比

## 2. 不同灌溉制度模拟分析

取灌溉定额水平分别为正常灌溉定额的 60%、70%、80%、90%、100%,灌溉水矿化度设 3 种,分别为 0.7g/L、3g/L、6g/L。根据当地的灌溉习惯,将春小麦生育期灌水次数分为 3 次或 4 次。若按照 3 次灌水时间为出苗后 30 天开始,大约每 25 天灌一次水;4 次灌水时间为出苗后 26 天开始,每 20 天一次。灌水定额根据每个生育阶段按照气象数据计算得到的需水量占生育期内总需水量的比例分配。

根据武威市凉州区 1951～2010 年春小麦生育期降水资料,得出春小麦生育期内丰水年型降水量为 76.2mm,平水年降水量为 58.2mm,枯水年降水量为 47.7mm,对应的年份分别为 1977 年、1994 年、1970 年。按照作物需水量的计算步骤逐日计算春小麦不同降雨年型的需水量。根据春小麦生育期的总需水量确定充分灌溉下的灌溉定额,以 50% 年型为例,对应的充分灌溉春小麦生育期内总灌水量分别为 410mm,可以得到 50% 年型的灌溉制度,如表 3.7 所示。

**表 3.7 50%降水年型下春小麦灌溉制度**

| 灌溉定额/mm | 灌水定额/mm | | | | | | |
| --- | --- | --- | --- | --- | --- | --- | --- |
| | 灌三次水 | | | 灌四次水 | | | |
| | 5-1 | 5-30 | 6-20 | 4-26 | 5-15 | 6-4 | 6-26 |
| 410 | 135 | 145 | 130 | 90 | 120 | 100 | 100 |
| 369 | 121.5 | 130.5 | 117 | 81 | 108 | 90 | 90 |
| 328 | 108 | 116 | 104 | 72 | 96 | 80 | 80 |
| 287 | 94.5 | 101.5 | 91 | 63 | 84 | 70 | 70 |
| 246 | 81 | 87 | 78 | 54 | 72 | 60 | 60 |

表 3.8 为 50% 降水年型下,春小麦不同灌水方案的土壤水分平衡和盐分平衡要素、产量和 WUE。由表 3.8 可知,咸水灌溉时在一定范围内,产量随灌溉水量的增加而增大,当灌水量增大至一定的值时,产量将随灌水量的增加而减少。咸水灌溉时产量将无法达到淡水充分灌溉时的最大值,而且不同灌水矿化度下达到最大产量的灌水量随灌水矿化度的增大而降低。

灌水矿化度 0.7g/L 时,灌三次水,灌溉定额 328mm 的方案与灌四次水灌溉定额 369mm 的方案相比,产量相同,节约用水 10%,水分利用效率提高为 0.02kg/m³,因此淡水灌溉对应的最优方案为灌三次水,灌溉定额 328mm。灌水矿化度 3g/L 时,灌三次水和四次水产量最大方案产量相同,而三次灌水灌溉定额 287mm 的方案与四次灌水 328mm 的方案相比,灌溉水量减少 10%,土体盐分增加量减少 12.4mg/m²,因此灌水矿化度 3g/L 对应的最优方案为灌三次水,灌溉定额 287mm,水分利用效率可达 1.39kg/m³。灌水矿化度 6g/L 时,灌三次水的方案与灌四次水的方案相比,灌溉水量减少 10%,产量增加 1.1%,水分利用效率提高 0.3kg/m³,土体盐分增加量减少 24.7mg/m²,因此灌水矿化度 6g/L 对应的最优方案为灌三次水,灌溉定额 246mm。

**表 3.8　50%降水年型下不同灌水处理下水分平衡、盐分平衡、产量和水分利用效率**

| 灌水次数 | 矿化度/(g/L) | 水分平衡/mm | | | | | 盐分平衡/(mg/cm²) | | | 产量/(kg/ha) | WUE/(kg/m³) |
|---|---|---|---|---|---|---|---|---|---|---|---|
| | | 灌溉 | 降雨-叶面截流 | 土壤水分变化量 | 底部通量 | 腾发量 | 灌溉带入 | 底部通量 | 土体增加量 | | |
| 三次 | 0.7 | 246 | 50.3 | −232.3 | −2.2 | 526.4 | 17.22 | −1.231 | 15.99 | 7286 | 1.38 |
| | | 287 | 50.3 | −204.5 | −2.1 | 539.8 | 20.09 | −1.178 | 18.91 | 7514 | 1.39 |
| | | 328 | 50.3 | −169.5 | −1.9 | 545.9 | 22.96 | −1.129 | 21.83 | 7590 | 1.39 |
| | | 369 | 50.3 | −127.9 | −1.9 | 545.3 | 25.83 | −1.224 | 29.78 | 7590 | 1.39 |
| | | 410 | 50.3 | 44.9 | −142.5 | 272.9 | 28.7 | * | * | 3491 | 1.28 |
| | 3 | 246 | 50.3 | −226.2 | −2.2 | 520.3 | 73.8 | −1.228 | 72.57 | 7211 | 1.39 |
| | | 287 | 50.3 | −194.7 | −2.1 | 529.9 | 86.1 | −1.177 | 84.92 | 7362 | 1.39 |
| | | 328 | 50.3 | −156.8 | −1.9 | 533.2 | 98.4 | −1.121 | 97.28 | 7362 | 1.38 |
| | | 369 | 50.3 | −114.5 | −1.8 | 532.1 | 110.7 | −1.209 | 109.5 | 7362 | 1.38 |
| | | 410 | 50.3 | 44.9 | −144.0 | 271.4 | 123 | * | * | 3491 | 1.29 |
| | 6 | 246 | 50.3 | −209.7 | −2.1 | 503.9 | 147.6 | −1.189 | 146.4 | 6983 | 1.39 |
| | | 287 | 50.3 | −171.4 | −2.0 | 506.7 | 172.2 | −1.143 | 171.1 | 6983 | 1.38 |
| | | 328 | 50.3 | −126 | −1.8 | 502.5 | 196.8 | −1.086 | 195.7 | 6907 | 1.37 |
| | | 369 | 50.3 | −80 | −1.5 | 497.8 | 221.4 | −1.547 | 219.9 | 6831 | 1.37 |
| | | 410 | 50.3 | 44.6 | −151.6 | 264.1 | 246 | * | * | 3340 | 1.26 |
| 四次 | 0.7 | 246 | 50.3 | −231.7 | −2.1 | 525.9 | 17.22 | −1.185 | 16.04 | 7135 | 1.36 |
| | | 287 | 50.3 | −210.2 | −2.1 | 545.4 | 20.09 | −1.17 | 18.92 | 7438 | 1.36 |
| | | 328 | 50.3 | −175 | −2 | 551.3 | 22.96 | −1.105 | 21.86 | 7514 | 1.36 |
| | | 369 | 50.3 | −136.5 | −1.9 | 554.0 | 25.83 | −1.07 | 24.76 | 7590 | 1.37 |
| | | 410 | 50.3 | −96 | −2 | 554.3 | 28.7 | −1.339 | 27.36 | 7590 | 1.37 |
| | 3 | 246 | 50.3 | −223.6 | −2.1 | 523.8 | 75.6 | −1.186 | 74.41 | 7135 | 1.36 |
| | | 287 | 50.3 | −198.7 | −2.1 | 534.0 | 86.1 | −1.158 | 84.94 | 7286 | 1.36 |
| | | 328 | 50.3 | −161.7 | −1.9 | 538.1 | 98.4 | −1.089 | 97.31 | 7362 | 1.37 |
| | | 369 | 50.3 | −120.1 | −1.8 | 537.8 | 110.7 | −1.063 | 109.6 | 7362 | 1.37 |
| | | 410 | 50.3 | −78.4 | −1.9 | 536.8 | 123 | −1.339 | 121.7 | 7286 | 1.36 |
| | 6 | 246 | 50.3 | −205.5 | −2.1 | 505.8 | 151.2 | −1.184 | 150 | 6831 | 1.35 |
| | | 287 | 50.3 | −172.1 | −2 | 507.4 | 172.2 | −1.141 | 171.1 | 6907 | 1.36 |
| | | 328 | 50.3 | −128.9 | −1.9 | 505.4 | 196.8 | −1.047 | 195.8 | 6831 | 1.35 |
| | | 369 | 50.3 | −83.1 | −1.7 | 500.7 | 221.4 | −1.026 | 220.4 | 6755 | 1.35 |
| | | 410 | 50.3 | −38.2 | −2.5 | 496.1 | 246 | −2.412 | 243.6 | 6679 | 1.35 |

　　图 3.13 为 50％降水年型下 0.7g/L、3g/L 和 6g/L 最优灌溉方案的土壤含水率、土壤含盐量的模拟结果。三种方案下,灌溉水均可以补给到地表以下 80cm 土层深度,春小麦生长期 80cm 以上土层土壤含水率基本保持在 10％以上。3g/L 和 6g/L 的灌溉方案除在第三次灌水期和小麦生育末期 0～60cm 盐分浓度明显高于 0.7g/L 的灌溉方案外,其他时段内盐分浓度基本保持在与 0.7g/L 灌溉方案相近的水平。与 50％降水年型的模拟结果相似,可以得出 25％和 75％年型不同灌溉水矿化度下对应的最优灌溉定额和适宜的灌水次数,将三种年型下灌水矿化度为 0.7g/L、3g/L 和 6g/L 时对应最优灌溉定额和灌水次数列于表 3.9 中。

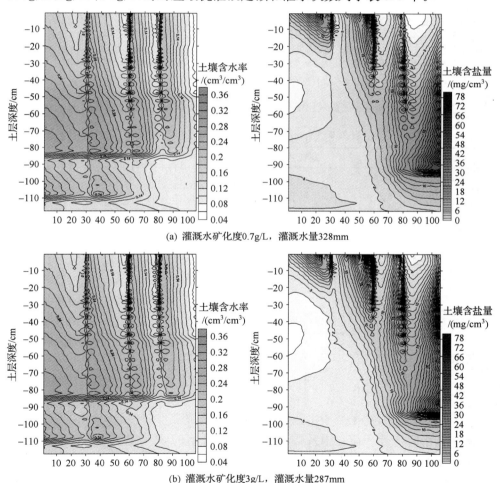

(a) 灌溉水矿化度0.7g/L,灌溉水量328mm

(b) 灌溉水矿化度3g/L,灌溉水量287mm

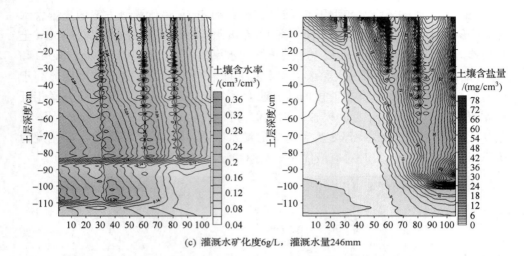

(c) 灌溉水矿化度6g/L，灌溉水量246mm

图 3.13　50％年型春小麦最优灌溉方案土壤含水率和含盐量模拟结果

表 3.9　不同降水年型春小麦最优灌溉制度

| 降水年型 | 灌水矿化度/(g/L) | 灌溉定额/mm | 灌水次数 | 灌水定额/mm | | | |
|---|---|---|---|---|---|---|---|
| 25% | 0.7 | 322 | 三次 | 104 | 128 | 100 | — |
| | 3 | 322 | 三次 | 104 | 128 | 100 | — |
| | 6 | 322 | 三次 | 104 | 128 | 100 | — |
| 50% | 0.7 | 328 | 三次 | 108 | 116 | 104 | — |
| | 3 | 287 | 三次 | 94.5 | 101.5 | 91 | — |
| | 6 | 246 | 三次 | 81 | 87 | 78 | — |
| 75% | 0.7 | 440 | 四次 | 90 | 120 | 115 | 115 |
| | 3 | 396 | 四次 | 81 | 108 | 103.5 | 103.5 |
| | 6 | 352 | 三次 | 112 | 120 | 120 | — |

**3. 较长时期土壤水盐环境预测**

春小麦收获后，由于土壤水分被大量消耗，土壤含水率较低，且土壤盐分在蒸发蒸腾作用下，大量积累在根系层，因此当地在每年 11 月份进行大定额的冬灌，一方面存储水分，一方面淋洗根区盐分。

以平水年春小麦不同灌水矿化度时最优灌溉方案为例，进行较长时期土壤水盐环境的模拟。50％年型灌水矿化度 0.7g/L、3g/L、6g/L 对应的灌溉定额分别为 328mm、287mm、246mm，分别为 $ET_c$ 的 80％、70％、60％，将三种灌溉方案依次记为 A1、A2、A3。假设每年 11 月 20 日进行冬灌，使各处理第二年播种前 0～120cm

土层土壤储水量在 300mm 左右,A1、A2、A3 的冬灌定额分别为 160mm、170mm、180mm。灌溉日期及气象资料不变,将上述三种方案连续计算五年。土壤含水率模拟结果如图 3.14 所示,各处理土壤含水率变化规律相似,不同年份相同土层含水量变化规律相同,然而随着时间的增长,含水率略有增大,随后保持平衡状态。

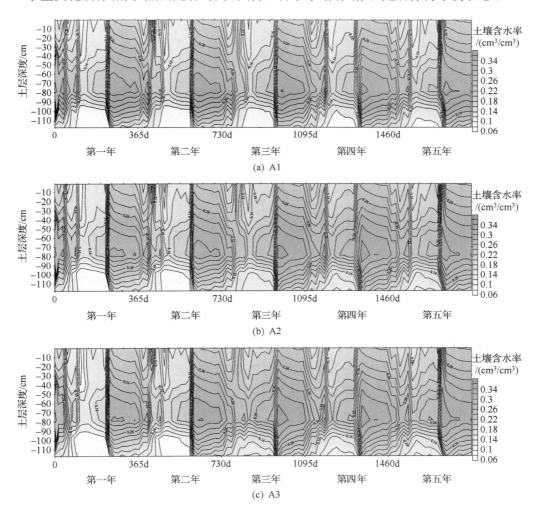

图 3.14　春小麦咸水灌溉土壤含水率模拟

土壤盐分含量变化如图 3.15 所示,一年中,土壤盐分含量最大值均出现在收获后,最小值出现在冬灌后。冬灌后土壤含水率增大,可以使三种灌溉方案的土壤盐分含量在下一年的播种期和春小麦生长前期保持在较低的水平,有利于出苗和早期的生长。连续几年使用咸水灌溉后,0~120cm 土层土壤盐分也达到一定的平衡状态，A1、A2、A3 方案土壤盐分含量达平衡状态的年份分别为 5 年、4 年、3 年，灌溉水矿化度越高，灌溉水量越大，达到平衡的时间越短。

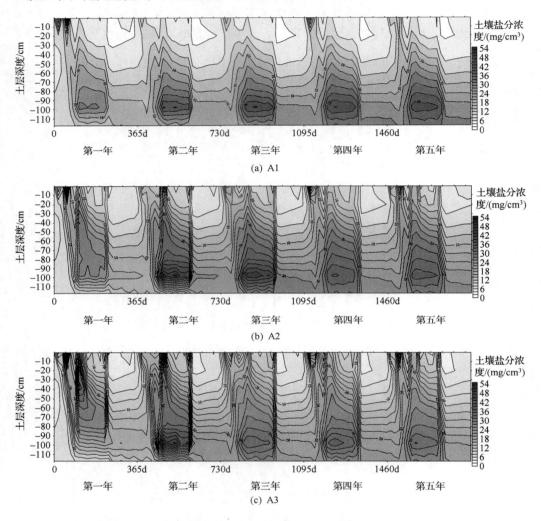

图 3.15　春小麦咸水灌溉土壤盐分浓度模拟

A1、A2、A3 五年模拟的产量如表 3.10 所示，产量在根区水盐平衡以前呈降低的趋势，至根区水盐达到平衡状态，产量保持在一定水平，第五年对应的产量分别为 7286kg/ha、6376kg/ha、5617kg/ha。

表 3.10　春小麦咸水灌溉产量模拟值（单位：kg/ha）

| 处理 | 第一年 | 第二年 | 第三年 | 第四年 | 第五年 |
|---|---|---|---|---|---|
| A1 | 7590 | 7514 | 7438 | 7362 | 7286 |
| A2 | 7362 | 6983 | 6527 | 6300 | 6376 |
| A3 | 6983 | 6224 | 5541 | 5693 | 5617 |

### 3.3.3　春玉米咸水非充分灌溉农田土壤水盐运移模拟

#### 1. 模型率定与验证

采用淡水灌溉 SF、DF、DDF 处理 2009 年土壤含水率、土壤盐分、作物生长的数据对 SWAP 模型水分模块、溶质运移模块和作物模块进行率定，然后利用咸水灌溉 S3、D3、DD3 处理的数据进行模型的验证。

##### 1）土壤水分模块

以 DF 和 D3 处理为例，对比 30cm、60cm、100cm 和 150cm 深度处土壤体积含水率观测值和模拟值，相应地调整各土层土壤的水力特性参数，使每个处理各土层深度含水率的模拟值和观测值尽可能吻合。图 3.16 为土壤含水率模拟值和实测值随时间变化的过程。从图 3.16 中可以看出，土壤含水率模拟值基本反映了实测值的变化趋势，且能够较好地模拟不同灌溉条件对土壤含水率的影响。率定和验证的均方误差都小于 0.04cm³/cm³，平均相对误差低于 20%。初始和率定后的土壤水力参数如表 3.11 所示。

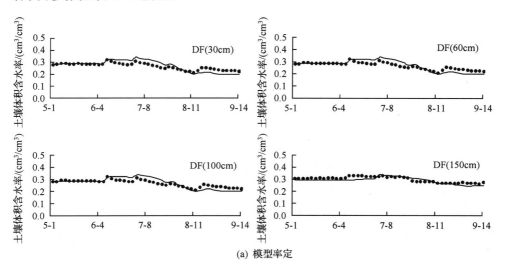

(a) 模型率定

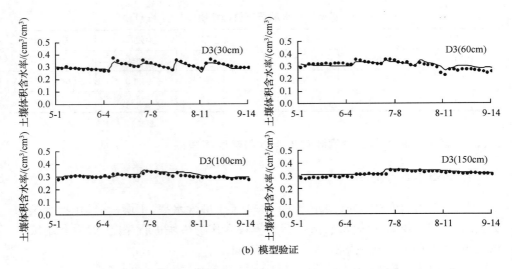

(b) 模型验证

图 3.16　春玉米含盐土壤非充分灌溉土壤含水率模拟值与实测值对比(2009 年)

—— 模拟值；• 实测值

表 3.11　春玉米含盐土壤非充分灌溉土壤水力参数初始和率定结果

| 土层深度 /cm | 饱和含水率 $\theta_s$ /(cm³/cm³) | | 残留含水率 $\theta_r$ /(cm³/cm³) | | 饱和导水率 $K_s$ /(cm/d) | | $\alpha$ (一) | | $\lambda$ (一) | | $n$ (一) | |
|---|---|---|---|---|---|---|---|---|---|---|---|---|
| | 初始 | 率定 | 初始 | 率定 | 初始 | 率定 | 初始 | 率定 | 初始 | 率定 | 初始 | 率定 |
| 0~20 | 0.38 | 0.40 | 0.06 | 0.08 | 7.27 | 15 | 0.0098 | 0.01 | 0.5 | 0.5 | 1.49 | 2.0 |
| 20~40 | 0.39 | 0.35 | 0.0667 | 0.10 | 7.20 | 5 | 0.0095 | 0.01 | 0.5 | 0.5 | 1.50 | 1.2 |
| 40~100 | 0.36 | 0.35 | 0.0546 | 0.02 | 8.83 | 2 | 0.0093 | 0.007 | 0.5 | 0.5 | 1.51 | 1.15 |
| 100~200 | 0.36 | 0.38 | 0.0546 | 0.02 | 8.83 | 2 | 0.0093 | 0.005 | 0.5 | 0.5 | 1.51 | 1.25 |
| 200~300 | 0.36 | 0.40 | 0.0546 | 0.05 | 8.83 | 2 | 0.0093 | 0.05 | 0.5 | 0.5 | 1.51 | 1.2 |

2) 溶质模块

调整土壤溶质运移模块的参数,使土壤含盐量模拟值和观测值尽可能吻合,以 DF 和 D3 处理为例,图 3.17 为率定和验证过程中模拟值与实测值的比较。由图 3.17 可见,土壤含盐量的模拟值基本反映了土壤盐分含量实测值随时间和土壤深度的变化趋势,除 0~10cm 的土壤表层外,各土层土壤含盐量的模拟值与实测值的差值都在误差允许的范围内。各处理不同深度的 RMSE 基本低于 3.0mg/cm³,且大部分在 0.5~2.0mg/cm³ 之间,平均相对误差 MRE 除表层外均低于 30%,且大部分在 15%~20% 之间。率定后的扩散系数为 0.5cm²/d,弥散度为 10cm。

综上所述,经过参数率定和验证后的溶质运移模块能够较好地反映含盐土壤

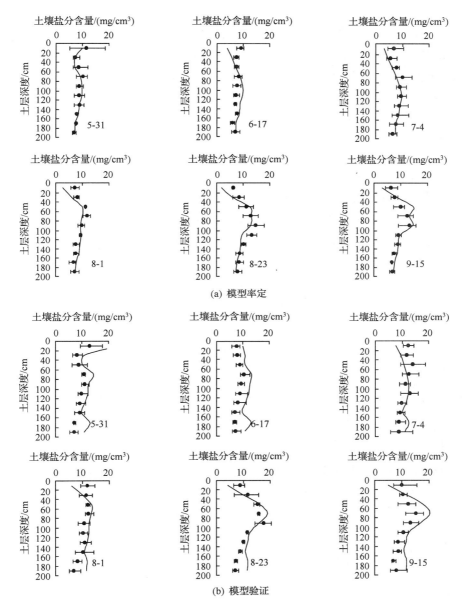

图 3.17　春玉米含盐土壤非充分灌溉土壤盐分含量模拟值和实测值对比
—— 模拟值；• 实测值

非充分灌溉条件下,不同上边界条件对土壤盐分分布的影响,能够定量描述土壤盐分随时间变化的趋势以及在土壤剖面的分布规律,可以用于研究淡水和咸水充分、非充分灌溉下土壤盐分的运移过程。

### 2. 不同灌溉制度模拟分析

春玉米生育期一般灌四次水,取灌溉水平分别为充分灌溉的40%~100%,灌溉水矿化度设0.7g/L和3g/L两种。从出苗后约30天开始,每25天灌溉一次。

根据武威市凉州区1951~2010年春玉米生育期(4月15日~9月15日)降水资料,分别以25%、50%、75%频率分别估算丰水年型、平水年型和枯水年型降水量。春玉米生育期内丰水年型降水量为159.3mm,平水年降水量为124.0mm,枯水年降水量为96.4mm,对应的年份分别为1971年、1997年、1978年。按照作物需水量的计算步骤逐日计算春玉米不同降雨年型的需水量。25%、50%、75%年型春玉米从播种期至收获期的总需水量分别为574mm、574mm和600mm。根据春玉米生育期的总需水量确定灌溉定额,灌水定额根据每个生育阶段按照气象数据计算得到的需水量占生育期内总需水量的比例分配,以50%年型为例可以得到如表3.12所示的灌溉方案。

表 3.12　50%降雨年型春玉米灌溉制度

| 灌溉定额/mm | 灌水定额/mm | | | |
|---|---|---|---|---|
| 230 | 50 | 65 | 67 | 47 |
| 344 | 75 | 97 | 101 | 71 |
| 460 | 100 | 130 | 135 | 95 |
| 574 | 125 | 162 | 168 | 119 |

表3.13为50%降水年型,不同灌水方案下0~300cm土体的水分、盐分平衡、春玉米产量和水分利用效率。

表 3.13　50%年型春玉米不同灌溉方案水分平衡、盐分平衡、产量和水分利用效率

| 灌水次数 | 矿化度/(g/L) | 水分平衡/mm | | | | | 盐分平衡/(mg/cm²) | | | 产量/(kg/ha) | WUE/(kg/m³) |
|---|---|---|---|---|---|---|---|---|---|---|---|
| | | 灌溉 | 降雨一叶面截流 | 土壤水分变化量 | 底部通量 | 腾发量 | 灌溉带入量 | 底部通量 | 土体增加量 | | |
| 四次 | 0.7 | 229 | 107.9 | −97.7 | 0.0 | 434.6 | 16.0 | 0.0 | 16.0 | 6445 | 1.48 |
| | | 344 | 107.9 | −78.1 | 0.0 | 530.0 | 24.1 | 0.0 | 24.1 | 8056 | 1.52 |
| | | 460 | 107.9 | −29.2 | 0.0 | 597.1 | 32.2 | 0.0 | 32.2 | 9131 | 1.53 |
| | | 574 | 107.9 | 14.0 | −29.8 | 638.1 | 40.2 | −22.6 | 17.6 | 9936 | 1.56 |
| | 3 | 229 | 107.9 | −96.9 | 0.0 | 433.9 | 68.7 | 0.0 | 68.7 | 6445 | 1.48 |
| | | 344 | 107.9 | −73.2 | 0.0 | 525.2 | 103.2 | 0.0 | 103.2 | 8056 | 1.53 |
| | | 460 | 107.9 | −20.6 | 0.0 | 588.5 | 138.0 | 0.0 | 138.0 | 9131 | 1.55 |
| | | 574 | 107.9 | 17.5 | −39.7 | 624.6 | 172.2 | −30.1 | 142.2 | 9668 | 1.55 |

　　淡水灌溉时,灌溉定额为 574mm 时产量最大,为 9936kg/ha,土体盐分增加 17.6mg/m²,水分利用效率为 1.56kg/m³,土壤水分增加 14.0mm;灌溉定额为 460mm 时,灌溉量比 574mm 减少 20%,产量仅降低 9.1%,水分利用效率为 1.53kg/m³,且灌溉量为 460mm 的土壤水分利用量高于灌溉定额 574mm。因此,50%降水年型含盐土壤淡水灌溉时,对应的最优灌溉定额为 460mm,产量为 9131kg/ha,水分利用效率为 1.53kg/m³。灌水矿化度 3g/L 时,灌溉定额 460mm 与 570mm 相比,灌溉量减少 20%,产量仅减少 8.1%,土体盐分增加量比灌溉定额 570mm 减少 4.2mg/cm²。因此,含盐土壤 3g/L 咸水灌溉时对应的最优灌溉定额为 460mm,产量为 9131kg/ha,水分利用效率为 1.55kg/m³。

　　综上所述,50%降水年型时,含盐土壤淡水和 3g/L 灌溉时,产量差别不大,对应的最优灌溉方案均为灌溉定额 460mm 的非充分灌溉,土体盐分均有所增加。

　　图 3.18 为 50%降水年型 0.7g/L 和 3g/L 春玉米最优灌溉方案的土壤含水率、土壤含盐量和累计腾发量的模拟结果。两种方案下,春玉米生育中期开始 30cm 以下土壤水分逐渐被消耗,至收获期形成 30～100cm 的含水率低值区。灌溉前,两种灌溉方案表层土壤盐分含量都较高,灌溉后两种方案土壤盐分含量接近,在第三次灌水前,3g/L 方案的土壤盐分含量保持在与 0.7g/L 接近的水平。

　　与 50%降水年型的模拟结果相似,可以得出 25%和 75%年型不同灌溉水矿化度下对应的春玉米最优灌溉定额,将三种年型下灌水矿化度为 0.7g/L、3g/L 时对应最优灌溉定额列于表 3.14 中。

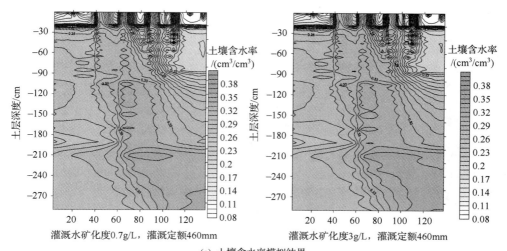

(a) 土壤含水率模拟结果

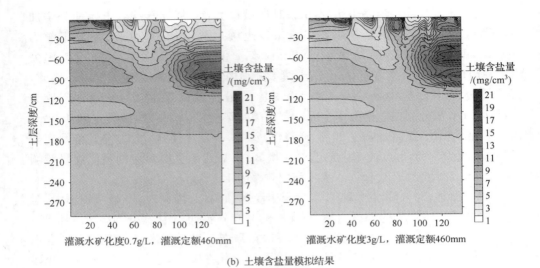

(b) 土壤含盐量模拟结果

图 3.18　50%年型春玉米最优灌溉方案土壤含水率和含盐量模拟结果

**表 3.14　不同降水年型春玉米最优灌溉制度**

| 降水年型 | 灌溉水矿化度/(g/L) | 灌溉定额/mm | 灌水次数 | 灌水定额/mm | | | |
|---|---|---|---|---|---|---|---|
| 25% | 0.7 | 460 | 四次 | 95 | 135 | 135 | 95 |
| | 3 | 460 | | 95 | 135 | 135 | 95 |
| 50% | 0.7 | 460 | 四次 | 100 | 130 | 135 | 95 |
| | 3 | 460 | | 100 | 130 | 135 | 95 |
| 75% | 0.7 | 480 | 四次 | 98 | 142 | 167 | 73 |
| | 3 | 480 | | 98 | 142 | 167 | 73 |

**3. 较长时期土壤水盐环境预测**

以平水年春玉米 0.7g/L 和 3g/L 灌水矿化度下最优灌溉方案为例,进行较长时期的土壤水盐环境预测。50%年型灌水矿化度 0.7、3g/L 对应的灌溉定额均为 460mm,为 $ET_c$ 的 80%,将两种灌溉方案依次记为 B1、B2。假设每年 11 月 20 日进行冬灌,冬灌定额为 120mm。灌溉日期及气象资料不变,将上述两种方案连续计算五年。土壤含水率模拟结果如图 3.19 所示,不同年份相同土层含水量变化规律相似,然而随着时间的增长,B2 处理的含水率略有增大,随后保持平衡状态。

土壤盐分含量变化如图 3.20 所示,一年中土壤盐分含量最大值出现在春玉米收获后,土壤盐分的峰值区在收获期 60~120cm 土层,随着时间的增长,峰值区向深层缓慢移动,说明 60cm 以上的土壤盐分不断淋洗至深层,第五年结束与第一年

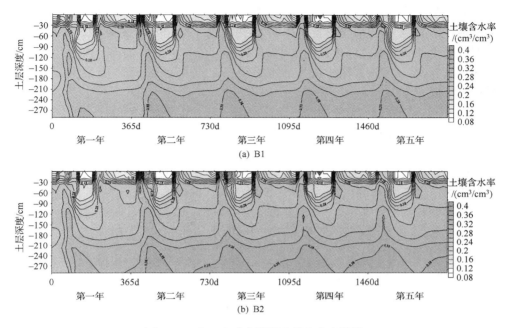

图 3.19　春玉米咸水灌溉土壤含水率模拟

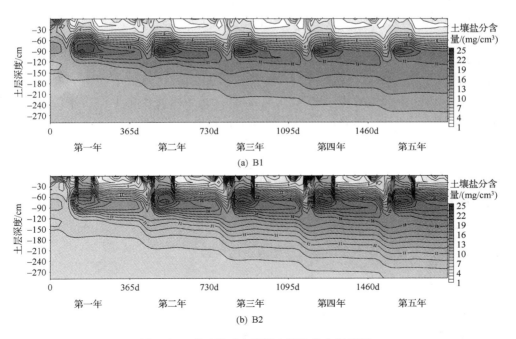

图 3.20　春玉米咸水灌溉土壤盐分含量模拟

开始的日期相比,100cm 以上土体的土壤盐分含量明显降低。土壤盐分含量最小值出现在冬灌后,冬灌后土壤含水率增大,可以使土壤盐分含量在下一年的播种期和春玉米生长前期保持在较低的水平,有利于出苗和早期的生长。连续几年使用咸水灌溉后,春玉米根系区土壤盐分也达到一定的平衡状态,B1 方案土壤盐分含量略有降低。

B1 五年模拟的产量分别为 9131kg/ha、9399kg/ha、9399kg/ha、9668kg/ha、9668kg/ha,由于部分盐分被淋洗出春玉米主要根系层,产量略有增大;B2 五年模拟的产量分别为 9131kg/ha、9131kg/ha、8862kg/ha、8862kg/ha、8862kg/ha,产量在根区水盐平衡以前呈降低的趋势,至根区水盐达到平衡状态,B1 和 B2 方案第五年对应的产量分别为 9668kg/ha 和 8862kg/ha。

## 3.4　灌区节水改造对土壤水-地下水盐的影响

### 3.4.1　研究区概况

内蒙古河套灌区是沿黄河地区的用水大户。然而,随着黄河来水与水资源统一调度,使河套灌区的引黄水量受到限制。自 1998 年以来,河套灌区续建配套与节水改造工程开始试点实施,截至 2006 年,累计完成干渠、分干渠衬砌 114.22km,加之实施节水灌溉管理,引黄水量逐年下降,由 20 世纪 90 年代的平均 52 亿 m³ 下降到 47 亿 m³ 左右[10]。由于引黄水量的减少,排水量也逐年减少,局部地区地下水位呈下降趋势,随之出现了一些节水改造示范区及渠道周边的生态环境的变化。节水措施的实施使灌区内灌溉水的渗漏量及排水量减少,从而引起地下水位下降及矿化度升高、土壤中的盐分淋洗、化肥的淋失、地下水对作物生长的补充发生量和质的变化,引起灌区原有灌溉制度的改变和农田水土环境及生态环境的变化。而地下水是维持河套灌区生态绿洲、四水转化的重要环节和关键因素,不同水文年、不同时期的地下水控制深度对河套灌区的农业灌溉引水量及生态环境等起着非常重要的作用。为此,对河套灌区未来节水工程实施后的水土环境变化趋势预测和河套灌区适宜地下水控制深度及不同水平年节水规模(阈值)的研究尤为重要。

### 3.4.2　农田土壤及地下水环境对节水改造的响应

#### 1. 监测点布置

为了从区域尺度上研究灌区节水改造对土壤、地下水环境的影响过程,在内蒙古河套灌区临河地区布置了土壤水盐、地下水盐监测点。监测区包括土壤水盐监测点 53 个,地下水盐监测点 45 个,控制灌区面积 8.1 万亩(图 3.21)。其中典型区包括土壤水盐监测点 25 个,地下水盐监测点 15 个,控制面积 1.0 万亩,土壤水盐监测点间距 250m,地下水盐监测点间距 500m。土壤水盐监测周期为 15 天,监测深度为 0～100cm,每 20cm 一个层次。其中土壤含水率采用 Trime 监测,土壤盐分包括 EC 值及 pH,通过土水比 1∶5 溶液进行测得。

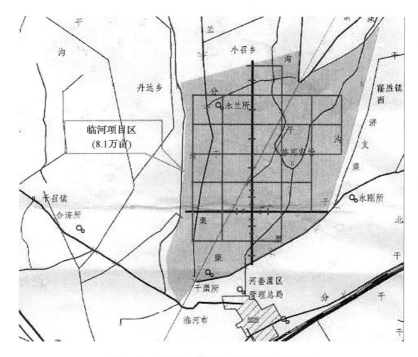

图 3.21　临河区灌区水盐监测点布置图

2. 地下水位变化

由于引黄灌区地下水埋深较浅,不同土地利用对地下水位动态的影响较为明显。监测结果表明,由于灌溉水的入渗补给地下水,农田地下水位较荒地地下水位变化剧烈,且在作物生育期灌溉农田地下水位较荒地高(图 3.22)。

内蒙古及宁夏引黄灌区地下水埋深较浅,大多数地区在 1～3m 之间,灌溉水对地下水补给量较大。监测结果表明,渠道衬砌明显减少了灌溉水对地下水的补给,衬砌渠道农田在作物生育期地下水位低于未衬砌渠道农田(图 3.23)。

2007～2009 年监测结果表明,灌区渠道衬砌使得灌溉水补给地下水减少,地下水位多年呈一定的下降趋势(图 3.24)。本监测灌溉区域内,农渠以上渠道均进行了衬砌,阻断了渠道水入渗补给地下水的通道,使得原有的水平衡状态被打破,各个监测点地下水位不同程度产生下降。渠道衬砌后的两年之间,农田地下水下

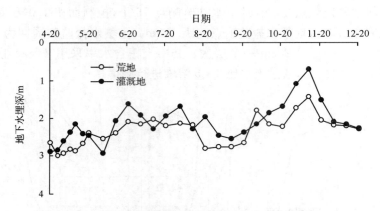

图 3.22　荒地及农田地下水埋深动态变化(2007 年)

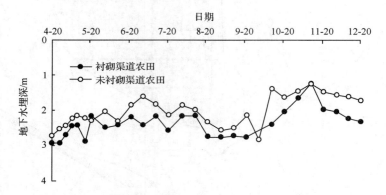

图 3.23　衬砌与未衬砌渠道农田地下水埋深动态变化(2007 年)

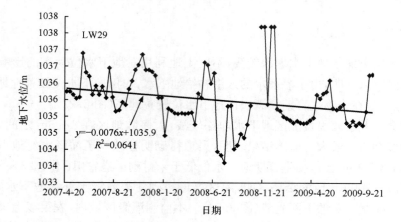

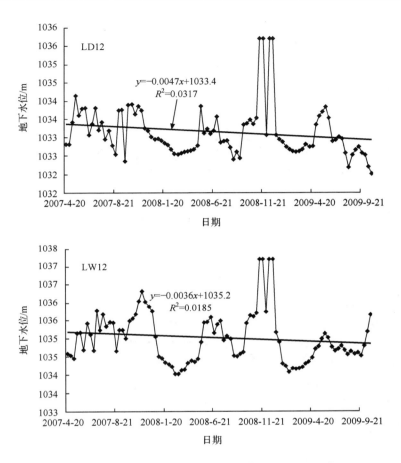

图 3.24 渠道衬砌后地下水位多年变化(2007~2009 年)

降 0.3~0.6m,荒地地下水位下降幅度较小。由于河套灌区地下水埋深较小,其地下水动态受灌溉水补给的影响非常明显。

3. 土壤盐分变化

不同土利利用方式下土壤盐分动态有明显的差别。监测结果表明,内蒙古河套灌区荒地监测点土壤含盐量较高,其 EC 达到 1.0~2.0ms/cm(图 3.25)。不同于农田土壤,由于荒地没有灌溉,盐分仅在有限的降雨及蒸发下在土壤层中运移,土壤含盐在 6~10 月份变化不大。农田土壤含盐量远较荒地小,在作物生育期随着灌溉和蒸发蒸腾变化。

在小麦田、玉米田的监测结果表明,从较短的时间尺度上看,渠道衬砌对作物生长季农田土壤盐分动态有明显的影响(图 3.26),衬砌渠道减少了渠道渗漏对农

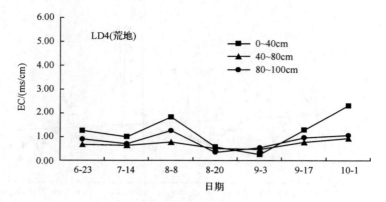

图 3.25　荒地土壤盐分动态

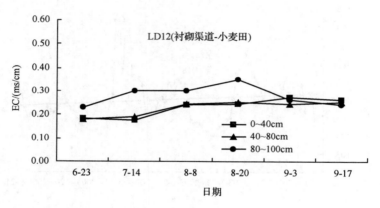

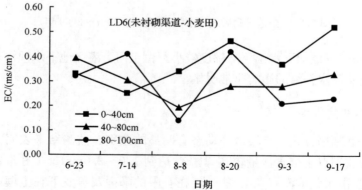

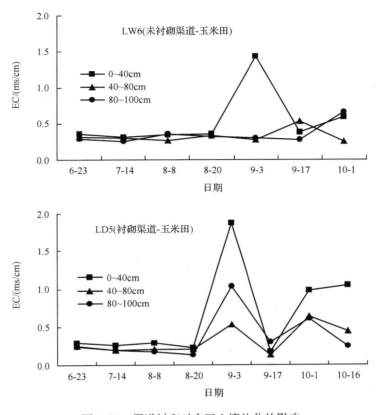

图 3.26　渠道衬砌对农田土壤盐分的影响

田盐分的淋洗使得农田土壤盐分相对趋于稳定。不同深度农田土壤盐分动态对比结果表明,渠道渗漏水可以淋洗土壤 40~80cm 盐分到深层土壤,未衬砌渠道农田较深层次土壤盐分动态变化明显。对于衬砌渠道农田,渠道渗漏的减少同时削弱了对较深土壤盐分的淋洗,使得其土壤盐分在作物生育期保持较高的水平。监测结果进一步表明,未衬砌渠道小麦及玉米农田 40~100cm 土壤层 EC 在作物生育末期较生育初期基本持平,而衬砌渠道农田中相应土壤层 EC 在作物生育末期较生育初期高 0.3~0.6ms/cm。作物耕作层(0~40cm)土壤水分由于较少受到渠道渗漏的影响,其盐分类似于未衬砌渠道农田,变化较为明显。

　　监测结果进一步表明,从较长时间尺度分析,随着研究区渠道衬砌的实施,不论是农田还是荒地,土壤电导率长期有下降的趋势(图 3.27、图 3.28)。这主要是由浅地下水埋深条件下,土壤盐分主要受地下水埋深及地下水含盐量的影响,其土壤盐分主要是由于潜水蒸发而引起的。渠道衬砌后,由于同期地下水位不同程度有所下降,潜水蒸发减少,非饱和带土壤剖面平均盐分有所降低。

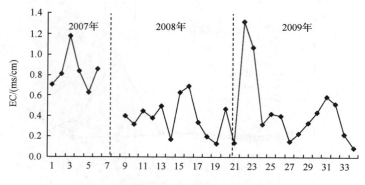

图 3.27　灌区农田土壤电导率(EC)变化

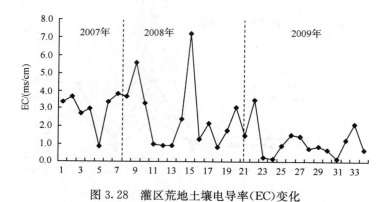

图 3.28　灌区荒地土壤电导率(EC)变化

### 3.4.3　区域尺度灌区节水改造对水土环境的影响

**1. 研究区概况**

　　解放闸灌域位于河套灌区西部,南临黄河,北依阴山,西与乌兰布和沙漠、一干渠灌域接壤,东与永济渠灌域毗邻。灌域南北长约 87km,东西宽约 78km,呈三角形状,地形是西南高,东北低,海拔高度为 1032～1035m。灌域总面积 345.66 万亩,灌溉面积 213.15 万亩,其中耕地 182.99 万亩,林果地面积 8.26 万亩,牧草地面积 21.91 万亩。非灌溉面积 110.37 万亩,盐荒地 52.74 万亩。灌域属中温带高原气候型、大陆性气候特征。风大雨少,气候干燥蒸发量大,无霜期短,日照时间长,昼夜温差大,年季变化大,四季温度的特点是春季回暖快,不稳定,夏季温度高,秋季凉的早,降温快,冬季严寒时间长,年均日照时数为 3181h,多年平均无霜期 130d。灌域多年来地下水埋深 5～11 月平均为 1.46 m,全年平均为 1.68 m。年平均降水 1 38.2mm,年平均蒸发量 2096.4mm,年平均风速 2～3m/s,多盛行西南风和东北风,土壤初始 EC 为 0.26～2.1ms/cm,田间持水率为 25.68%～33.44%。是典型的无灌溉就无农业的地区,灌域年引水量在 13 亿 m³ 左右,年排水量在 2 亿 m³ 左右。灌域内地下水井常观测点 57 眼,其中有 27 眼同步观测地下水水质(图 3.29)。灌域内有干渠 3 条,分干渠 16 条,全长 263km,在公管干、分干渠上开口引水的支渠 51 条,斗渠 154 条,农渠 304 条,毛渠 131 条;有干沟 3 条,全长约 85km;分干沟 12 条,支沟 52 条,构成了灌域灌排配套的渠(沟)系供排水网络[4]。

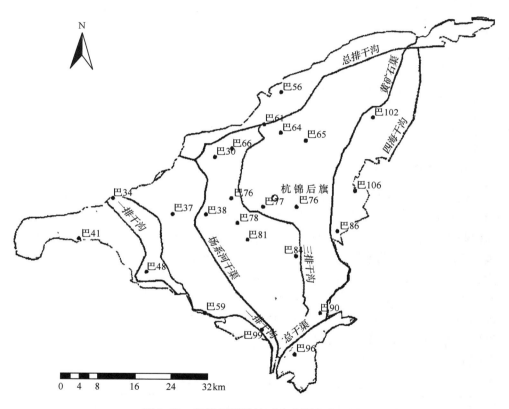

图 3.29　解放闸灌域地下水监测点布置图

2. 灌域引水量变化

根据所收集的河套灌区解放闸灌域 1990～2008 年 19 年引水量数据,如图 3.30所示,灌区引水量在近 20 年间总体呈下降趋势,夏秋灌引水量减少明显,秋浇水量除 1990 年在 40000 万 m³ 以上,其余年份基本保持在 35000 万 m³ 左右,此外,年引水总量总体呈下降趋势。

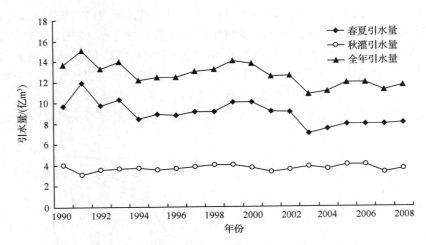

图 3.30　河套灌区解放闸灌域 1990～2008 年的引水量

### 3. 灌域地下水动态

河套灌区的地下水埋深与引水量有密切关系,长期以来,由于过量引水,灌区地下水埋深较浅,导致灌区盐渍化问题较为突出,随着节水改造工程的实施和节水灌溉技术的推广,灌区内年引水量逐年减少,地下水位也随之有了明显的下降,表 3.15 和图 3.31 为灌区地下水位埋深变化,地下水埋深由 2002 年年均 1.64m 下降到 2008 年的 1.99m,地下水位平均下降了 0.35m,比多年平均地下水位(1985～2008 年)下降 0.23m。这与屈忠义等人的预测结果基本相同,2005 年地下水实际埋深为 2.03m,预测结果为 1.95m。在作物生育期内的地下水埋深也有了不同程度的下降,表明河套灌区节水工程实施后通过减少渠系渗漏,降低了地下水位,对于控制灌区土壤盐渍化起到了积极作用。

表 3.15　灌区节水改造前后地下水埋深对比(单位:m)

| 年份 | 1 月 | 3 月 | 5 月 | 7 月 | 9 月 | 10 月 | 平均 |
|---|---|---|---|---|---|---|---|
| 2002 | 1.98 | 2.20 | 1.21 | 1.43 | 1.97 | 1.40 | 1.64 |
| 2003 | 2.04 | 2.34 | 1.55 | 1.90 | 2.23 | 1.47 | 1.88 |
| 2007 | 2.25 | 2.41 | 1.75 | 1.79 | 2.29 | 1.47 | 1.94 |
| 2008 | 2.17 | 2.56 | 1.63 | 1.99 | 2.37 | 1.55 | 1.99 |

节水改造后,在作物播种前的 3 月间地下水矿化度小于 3g/L 的比例由 26.27% 上升到 33.1%(表 3.16),在 5 月间该比例有大幅度上升,由 27.1% 上升到 53.84%,比例上涨了接近一倍。在 7 月与 9 月均有上升,9 月此比例上涨了 18.12 个百分点。而矿化度 3～10g/L 的地下水区域所占比例 2008 年全年均比

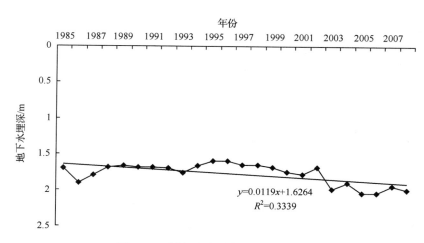

图 3.31　研究区地下水埋深变化过程

2003 年同期有所下降,3 月、7 月、9 月的降幅分别是 6.75%、3.83%、10.53%,最大降幅为 5 月的 26.11%。矿化度大于 10g/L 的面积所占比例相对较少,其变化幅度也较小。3 月、5 月、9 月均下降,其降幅分别为 0.08%、0.65%、7.59%,7 月有所上升,上升幅度为 0.12%。

表 3.16　地下水矿化度分区面积

| 时间 | <3g/L | | 3~10g/L | | >10g/L | |
|---|---|---|---|---|---|---|
| | 面积/万亩 | 比例/% | 面积/万亩 | 比例/% | 面积/万亩 | 比例/% |
| 2003 年 3 月 | 90.81 | 26.27 | 250.38 | 72.44 | 4.47 | 1.29 |
| 2008 年 3 月 | 114.43 | 33.1 | 227.07 | 65.69 | 4.17 | 1.21 |
| 2003 年 3 月 | 93.66 | 27.1 | 245.62 | 71.06 | 6.38 | 1.85 |
| 2008 年 3 月 | 186.11 | 53.84 | 155.38 | 44.95 | 4.16 | 1.2 |
| 2003 年 7 月 | 85.59 | 24.76 | 248.61 | 71.92 | 11.46 | 3.32 |
| 2008 年 7 月 | 132.97 | 38.47 | 200.79 | 58.09 | 11.9 | 3.44 |
| 2003 年 9 月 | 74.77 | 21.63 | 240.9 | 69.69 | 29.99 | 8.68 |
| 2008 年 9 月 | 137.4 | 39.75 | 204.48 | 59.16 | 3.78 | 1.09 |

　　解放闸灌域地下水矿化度变化趋势线及动态变化如图 3.32 所示,可以看出,整个灌域地下水矿化度变化趋势为逐年下降。地下水矿化度的变化与农田灌溉有直接关系,对于解放闸灌域甚至河套灌区,一般来说灌水增多,矿化度升高,这是由于灌区地下水位偏高,灌溉水量的增多会导致作物耕作层土壤中的盐分随水淋洗到地下水表层的含量增加,灌区土壤的盐分偏高,导致地下水矿化度升高。

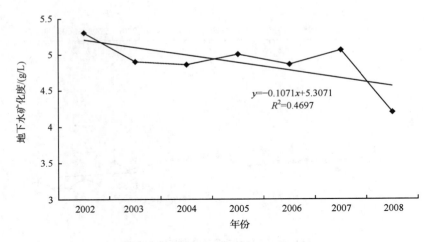

图 3.32　研究区地下水矿化度动态

## 3.5　小　结

　　通过春玉米、春小麦(微)咸水非充分灌溉试验、含盐土壤春玉米非充分灌溉试验及相应数值模拟,系统研究了节水灌溉条件下农田土壤水盐动态规律及作物响应;在对北方平原灌区典型区域土壤水盐、地下水定位监测的基础上,研究了灌区节水改造(渠道衬砌)对土壤盐分累积、地下水位(盐)的影响。所得主要结论如下:

　　(1)春玉米咸水非充分灌溉试验表明表明,灌溉水量对土壤盐分的影响在60~100 cm 土层显著。灌溉水量的减少能够有效减少盐分累积,且灌溉水矿化度越高,盐分累积率降低越明显。土壤含盐量随灌溉水矿化度的增大而增大。长期高矿化度咸水灌溉使土壤严重积盐,供水充足的情况下水分也不能得到有效利用,导致土壤水分长期保持在较高的水平。

　　(2)春小麦咸水非充分灌溉试验表明,重度缺水下,有限的水量只能补给0~50cm 土层,深层土壤得不到有效的水分补给。盐分在土壤剖面中的分布大致可以分为强烈变动层(0~20cm)、逐渐积累层和相对稳定层。灌水矿化度和灌溉水量越大则由灌溉带入土体的盐分越多,土壤积盐越严重。非充分灌溉下,盐分积累程度降低,同时盐分积累层向土壤表层移动。水分对春小麦生长的影响显著,盐分的影响仅在第二年较为明显。中度缺水下春小麦产量的降低主要是由籽粒数的降低引起的,其千粒重反而增大;而重度缺水下产量的降低则是由籽粒数和籽粒重的降低共同造成的。春小麦在抽穗至灌浆期对水分最为敏感。咸水灌溉下,中度缺水的产量最高。轻度水分亏缺使相同水质处理的 WUE 与充分灌溉相比提高17%~29%,重度水分亏缺可提高 22%~31%。咸水灌溉下,适度的水分亏缺既有利于提高水分利用效率,也不致产量显著降低。灌水矿化度为 3g/L,灌溉水量 300mm 为适宜的咸水非充分灌溉制度。

(3) 利用试验实测数据分别对 SWAP 模型的水分模块、溶质运移模块和作物生长模块进行了率定和验证。结果表明,率定后的 SWAP 模型能够模拟试验地区春小麦、春玉米咸水非充分灌溉以及春玉米含盐土壤不同灌溉条件下农田土壤水盐过程、不同层次土壤水分利用、盐分积累特征及其对作物耗水的影响,可对该地区春小麦和春玉米咸水灌溉方案进行模拟优化,能够对土壤水盐环境进行预测。应用 SWAP 模型,对不同灌溉方案下春小麦、春玉米的农田土壤水分与盐分平衡要素、产量、土壤含水率和土壤盐分含量进行模拟分析和长期预测,得到了该地区春小麦和春玉米适宜的咸水非充分灌溉制度。

(4) 通过含盐土壤春玉米节水灌溉试验结果表明,含盐土壤非充分灌溉下 50~100cm 土层水分能够得到更充分利用,相同水质下重度缺水处理的土壤含水量显著低于充分灌溉和中度缺水处理,相同灌溉水量下微咸水处理的土壤含水量略高于淡水处理。灌溉对土壤电导率的影响随灌水量的减少而减弱,各处理灌溉后表层电导率增大,重度缺水下各土层深度的土壤电导率均显著低于充分灌溉和中度缺水处理。相同水量微咸水灌溉下土壤含水量和电导率都略高于淡水处理。

(5) 灌区水盐动态定位监测表明,渠道衬砌明显减少了灌溉水对地下水的补给,地下水有明显的下降趋势。监测区农渠以上渠系均衬砌后的三年内地下水位以平均每年下降 0.15~0.2m,地下水下降到一定深度后达到灌区水平衡时将维持稳定。随着研究区渠道衬砌的实施,不论是农田还是荒地,土壤电导率长期有下降的趋势。区域尺度上的相关监测结果表明,灌区节水改造后地下水矿化度将会得到一定程度的降低。因此,适度灌区节水改造对于改善盐渍化灌区水土环境有着积极的作用。

## 参 考 文 献

[1]　van Dam J C, Huygen J, Wesseling J G, et al. Theory of SWAP version 2.0, simulation of water flow, solute transport and plant growth in the Soil-Water-Atmosphere-Plant environment. Wageningen Agricultural University, Technical Document 45, Alterra, Wageningen, the Netherlands, 1997

[2]　Doorenbos J, Kassam A H. Yield response to water. FAO Irrigation and Drainage Paper 33, FAO, Rome, Italy, 1979

[3]　Fieddes R A, Kowalik P J, Zaradny H. Simulation of field water use and crop yield. Simulation Menographs. Pudoc. Wageningen. 1989

[4]　Mass E V, Hoffman G J. Crop salt tolerance current assessment. Journal of the Irrigation and Drainage, 1977, 103: 115—134.

[5]　王全九,徐益敏,王金栋,等. 咸水与微咸水在农业灌溉中的应用. 灌溉排水,2002,(4):

73—77.

[6] 雷廷武,肖娟,王建平,等. 微咸水滴灌对盐碱地西瓜产量品质及土壤盐渍度的影响. 水利学报,2003,(4):85—89.

[7] 杨树青,史海滨,胡文明. 内蒙古河套灌区咸水灌溉的环境效应分析. 灌溉排水学报,2004,23(5):72—74.

[8] 肖振华,Prendergast B.,Noble C. L. 灌溉水质对土壤水盐动态的影响. 土壤学报,1994,31(1):8—17.

[9] 张展羽,赖明华,朱成立. 非充分灌溉农田土壤水分动态模拟模型. 灌溉排水学报,2003,22(1):22—25.

[10] 程满金,申利刚,等. 大型灌区节水改造工程技术试验与实践. 北京:中国水利水电出版社,2003.

[11] 林雪松. 河套灌区节水灌溉前后水土环境变化及农田水肥效率模拟[硕士学位论文]. 呼和浩特:内蒙古农业大学,2009.

# 第4章 灌区节水对水肥利用的影响及综合调控

本章分析了农业节水对灌区水肥利用的影响因素,通过水肥耦合灌溉试验得到了不同水肥耦合与控制排水条件下的稻田水肥运移规律,提出了稻田水肥高效利用综合调控技术,建立了水肥高效利用多维临界调控模拟模型。结合大区域水量平衡观测试验数据,修正了SWAT模型,并采用修正的SWAT模型进行了不同条件下的水平衡及水稻产量模拟,分析不同节水改造方案对灌溉系统等大尺度水分利用率及水分生产率的影响,得到了不同尺度下水肥利用效率的响应规律,为灌区节水与水肥资源高效利用管理提供了科学依据。

## 4.1 水肥耦合灌溉条件下的稻田产量环境效应

### 4.1.1 漳河灌区概况

漳河灌区位于北纬 $30°00'\sim31°42'$、东经 $111°28'\sim111°53'$,总面积 $5543.93km^2$,属于亚热带大陆性气候区,年均气温 $17℃$,年蒸发量 $600\sim1100mm$,相对湿度平均值为 $80\%$。多年平均降雨量 $1000mm$ 左右,$4\sim10$ 月降雨量占全年降雨量的 $80\%$ 以上。主要种植水稻、棉花、小麦、油菜等经济作物。近年来随着种植结构的调整,水稻品种以中稻为主,旱作物基本不灌溉。设计灌溉面积226万亩。

### 4.1.2 试验设计

1. 田间尺度试验布置

田间试验在漳河灌区团林试验站进行。该试验站位于东经 $111°15'$,北纬 $30°50'$,海拔高程为 $80\sim100m$ 之间,种稻期间地下水位约20cm。年无霜期260d,年平均气温 $16℃$,最高月平均气温 $27.7℃$,最低月平均气温 $3.9℃$。降雨量 $700\sim1100m$,蒸发量(20cm蒸发皿)$1300\sim1800mm$,年日照总时数 $1300\sim1600h$。该地区为典型的丘陵地带,土壤质地为黏壤土,理化性质如表 4.1 所示。

表 4.1 漳河试验站试区土壤物理化学性质

| 容重/(g/cm³) | 孔隙率/% | pH | 有机质/% | 全氮/% | 速效氮/ppm | 全磷/% | 速效磷/ppm |
|---|---|---|---|---|---|---|---|
| 1.35 | 45.5 | 6.8 | 1.25~1.85 | 0.10~0.13 | 81.5~101.5 | 0.11~0.15 | 2.5~5.5 |

供试水稻品种为浙江省农科院育成的超高产杂交水稻Ⅱ优 7954。常规湿润育秧,小苗带土移栽,水耕湿耙,薄水抛秧。抛秧时每蔸抛 2 株秧苗,密度为 20cm×20cm。

大田试验区布置如图 4.1 所示。将水田划分为两个试验小区(控制排水试验小区和自然排水试验小区)共计 24 小块,其中小区 1~12 为控制排水小区,小区 13~24 为自然排水小区。

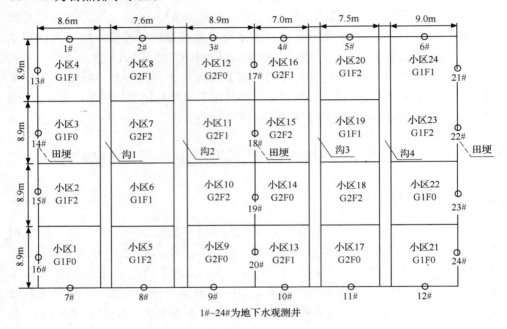

1#~24#为地下水观测井

图 4.1　灌排实验田块布置图

为了满足水量平衡和达到控制地下水的效果,自然排水试验小区的周围铺设防渗膜,铺设深度约为 80cm;控制排水试验小区的四周采用围镀锌钢板防渗,钢板厚约 1mm,总高度约 1.2m(其中地下埋深约 100cm,露出地表的高度约 20cm);相邻田格之间均铺设防渗膜的布置,防渗膜铺设深度约为 50~80cm。试验区有 4 条排水沟,深度均为 100cm,沟中设置量水尺,并安装孔板以便于渗流。小区田埂四周布置 24 个地下水位观测井,井深 180cm,用荷兰钻钻土成井后埋入直径为 4cm 的 PVC 管,管口高出地面 30cm 左右,便于观测。每个小区布置有 9 个土壤水取样井、1 个田间水位观测井和 1 个田间渗漏观测井。田间水位观测井和渗漏观测井布置于小区田埂旁,便于日常观测。水位观测井两端开通,渗漏观测井底部开通,顶部封闭,防止蒸发。

试验处理主要考虑三个因素:排水沟水位、灌溉制度、施肥量及施肥比例。试验区有 4 条排水沟,其中沟 1 和沟 2 为控制排水沟,保持相同的水位(L1);沟 3 和沟 4 为非控制排水沟,即常规排水沟,保持相同的水位(L2)。在整个生育期过程中,保持控制排水沟水位(L1)为 0.5m,常规排水沟沟中水位参比当地农民习惯。试验设置浅灌深蓄(G1)和浅勤灌溉(G2)两种灌溉制度,如表 4.2 所示。

**表 4.2　水稻不同灌溉措施水层设计**

| 灌溉模式 | 返青 | 分蘖前 | 分蘖末 | 拔节孕穗 | 抽穗开花 | 乳熟 | 黄熟 |
|---|---|---|---|---|---|---|---|
| 浅灌深蓄 G1 | 5～40～50 | 5$d$～40～60 | 晒田 | 8$d$～110～130 | 8$d$～130～150 | 8$d$～80～100 | 晒田 |
| 浅勤灌溉 G2 | 10～20～30 | 10～30～50 | 晒田 | 0～10～30 | 0～10～30 | 0～10～30 | 晒田 |

注:设计水层表中,第 1 个数据为设计水层下限(mm),"$d$"为无水层的天数;第 2 个数据为灌水水层上限(mm);第 3 个数据为降雨最大蓄水深度(mm)。分蘖后期适时晒田 7d 左右;黄熟期落干晒田。

试验设三种施肥水平:F0、F1 和 F2,各施肥水平下的施肥量如表 4.3 所示。氮肥分 3 次施用(基肥 50%,分蘖肥 30%,拔节肥 20%);磷肥作为基肥一次性施用;钾肥分 2 次(基肥 50%,分蘖肥 50%)施用。

**表 4.3　施肥水平设计**

| 施肥方式 | N 含量/(kg/hm$^2$) | P$_2$O$_5$ 含量/(kg/hm$^2$) | K$_2$O 含量/(kg/hm$^2$) |
|---|---|---|---|
| F0 | 0 | 0 | 84 |
| F1 | 135 | 78.75 | 84 |
| F2 | 180 | 105 | 84 |

测桶试验的水分处理与田间试验处理相同,施肥量按照田间施肥量折算为每桶施肥量。试验在大型钢制圆形蒸渗器中进行,蒸渗器直径 0.618m,面积 0.3m$^2$,高 0.8m,下设 15cm 厚滤层,底部设侧向排水,平时关闭,定时排水,器内填 55cm 厚原状土,采用地埋双套筒安装,上设活动防雨棚。测桶水肥处理组合方式与田间试验相同。

2. 试验观测

观测内容包括气象数据、地下水位、田间水位、田间渗漏量、排水量、灌水量、土壤水 N、P 含量和水稻产量等。

气象资料通过观测实验站自动气象站获取,地下水位与水质通过观测地下水位观测井得到,地下水埋深每三天早上 8 点观测一次并取水样。田间水位与水质通过观测田间水位观测井得到,每天早上 8 点观测一次并取水样分析。田间渗漏量与水质通过观测田间渗漏观测井每天早上 8 点观测一次。灌水采用潜水泵抽水灌溉,通过水表记录灌水量;排水量测定采用 80038 型水位测针观测。

土壤铵态氮(NH$_4^+$-N)、硝态氮(NO$_3^-$-N)、总氮(TN)和总磷(TP),参照国家

环境保护总局编写的《水和废水监测分析方法(第四版)》[1],分别用纳氏试剂比色法、紫外分光光度法、碱性过硫酸钾消解紫外分光光度法和钼酸铵分光光度法测定。

　　植株及种子 N、P 含量通过在实验室化验植株及种子样本得到。根据生育期的划分采集各小区植株及种子在实验室进行化验。化验指标包括总氮(TN)、总磷(TP),化验方法为 $H_2SO_4$-$H_2O_2$ 消煮,纳什比色法和钼锑抗比色法。

　　株高、分蘖及分蘖成穗情况、叶面积在作物生育期内测定。水稻成熟后,在小区田间选取 3m×2m 的面积收割,测定有效穗数、穗长、每穗粒数、每穗实粒数、结实率、千粒重、地上部分生物产量和经济产量等产量结构。

### 4.1.3　试验结果与分析

1. 不同水肥处理下水稻株高

　　从图 4.2 可以看出,在整个生育期内相同施肥,不同灌溉方式间株高差异不大,孕穗期前 G1 处理略高于 G2 处理,孕穗期后两种处理下株高差异较小;不施氮、磷肥处理显著低于施氮、磷肥处理,同一灌溉方式下 F1、F2 施肥处理下的植株高于 F0 处理,F1、F2 处理间差异较小。

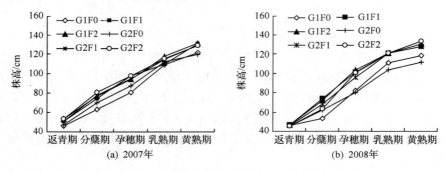

图 4.2　田间水稻生育期内株高动态变化

2. 不同水肥处理下水稻叶面积指数

　　2007 年、2008 年两年不同水肥处理下田间水稻叶面积指数动态变化如图 4.3 所示。不同灌溉方式间叶面积指数差异较小,乳熟期以后 G1 处理下的叶面积指数略大于 G2 处理。在生殖生长及幼穗成熟期,G1 处理下营养生长比较旺盛,G2 处理更利于后期水稻的生殖生长;施肥量过大也会造成营养生长过于旺盛,最终影响产量。

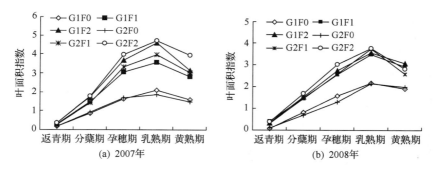

图 4.3　田间水稻生育期内叶面积指数变化过程

### 3. 不同水肥处理水稻产量及构成

分析图 4.4 可知,2007 年 G1F2、G1F1 处理比 G1F0 处理分蘖数高 104%、100%,G2F2、G2F1 处理比 G2F0 处理分蘖数高 104%、110%,2008 年有类似的规律,表明非充分灌溉处理下,分蘖数均呈现 F2＞F1＞F0 的规律,且施氮处理 F1、F2 分蘖数均明显大于不施氮肥的处理 F0,但 F1、F2 处理分蘖数差距很小。

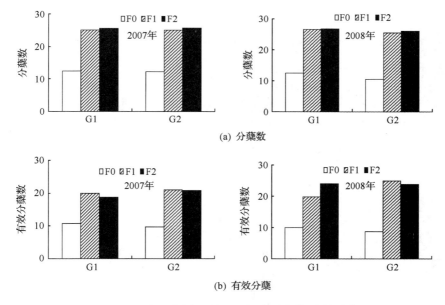

图 4.4　田间不同水肥处理下的水稻分蘖、有效分蘖

由图 4.5 可见,2007 年相同肥料处理、不同水分处理 G1、G2 下穗长差异不大;不同施肥方式下,F1 处理的穗长最大,G1 水分处理下 F1 施肥处理的穗长分别比 F0、F2 处理高 7.2%、0.9%,G2 水分处理下 F1 处理的穗长分别比 F2、F0 处理

高 6.4%、0.7%,不同水肥处理下 G1F1 组合的穗长最大。不同水肥处理对穗长无显著影响。2008 年 G1 处理下,F1 比 F0、F2 分别高出 11.7%、0.8%;G2 处理下,F1 比 F0 高 2.7%,比 F2 低 1.3%。F0、F2 处理下,G2 比 G1 分别高出 7.1%、0.7%,F1 处理下,G2 的穗长比 G1 少 1.4%。这说明,节水灌溉下有效施肥会增加穗长,但施肥量的多少对穗长的作用并不明显。

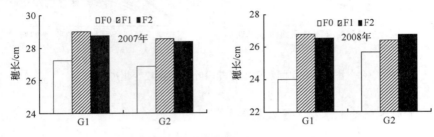

图 4.5　不同水肥处理下水稻穗长

由图 4.6 可知,2007 年不同的肥料处理,每穗粒数与实粒数均表现为 F1＞F2＞F0,F1 与 F2 处理明显大于 F0 处理,G1 处理下,每穗粒数 F1 比 F0、F2 处理高 32%、4.2%,每穗实粒数 F1 比 F0、F2 处理高 35.8%、2.4%;G2 处理下,每穗粒数 F1 比 F0、F2 处理高 46.3%、10.7%,每穗实粒数 F1 比 F0、F2 处理高 45.2%、10.9%。不同的水分处理,每穗粒数与实粒数均表现为 G2＞G1,F1 处理

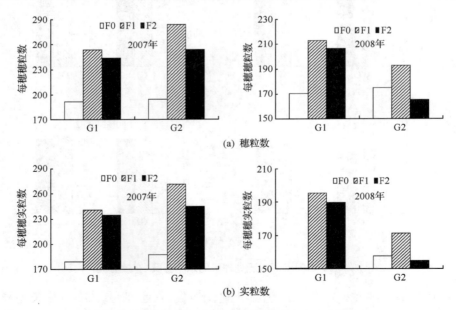

(a) 穗粒数

(b) 实粒数

图 4.6　不同水肥处理下水稻每穗穗粒数与实粒数变化

下每穗粒数 G2 比 G1 高 11.9%,F0、F2 处理下每穗粒数 G1、G2 相差很小。节水灌溉条件下,每穗粒数与每穗实粒数在组合 G1F1、G2F1 下是最优的,说明高施肥并不能提高每穗粒数与每穗实粒数,反而会降低。

由图 4.7 可见,2007 年 F1 施肥方式下,G2 水分处理的千粒重高于 G1 处理 1.1%;F0、F2 施肥下,G2 处理的千粒重比 G1 高 1%、6.9%。G1 水分处理下,F1 施肥方式的千粒重分别高于 F0、F2 处理 0.8%、5.9%;G2 处理下,F1 处理的千粒重分别高于 F0、F2 处理 0.9%、0.2%。这说明,节水灌溉下,高施肥不利于提高千粒重,甚至有所降低。不同水肥处理下 G2F1 组合的千粒重最大,方差分析表明,不同水肥处理对千粒重均无显著影响。2008 年 G1 处理下,F2 的千粒重分别高于 F0、F1 处理 2.1%、0.07%;G2 处理下,F1 处理的千粒重分别高于 F0、F2 处理 1.9%、1.7%。F2 施肥下,G2 处理比 G1 低 1.9%。F0、F1 处理下 G1 与 G2 差别不大。不同水肥处理模式下,千粒重差别不大,节水灌溉下,高施肥不利于提高千粒重,甚至有所降低。

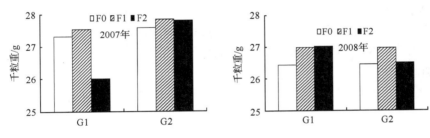

图 4.7 不同水肥处理下的千粒重

由图 4.8 可知,2007 年不同水肥处理对水稻生理生态等的影响最终导致水稻产量的不同。相同水分处理下,F0 施肥处理的产量最低;G1 水分处理下,F1、F2 施肥的产量分别比 F0 高 5.34%、6.6%,F1、F2 处理相差不大;G2 水分处理下,F1、F2 处理的产量分别高于 F0 处理 4.03%、2.48%,F1 比 F2 处理高 1.51%。F0 处理下,G2 比 G1 处理的产量高 1.26%;F1 处理下,G2 处理的产量高于 G1 处理 3.03%;F2 处理下,G2 比 G1 的产量低 1.44%;G2 处理的平均产量仅高于 G1 处理 0.9%。

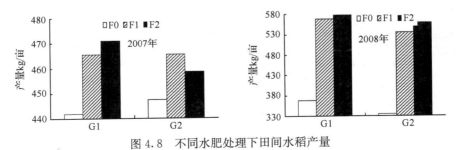

图 4.8 不同水肥处理下田间水稻产量

这说明同一施肥方式下,两种节水灌溉方式对产量影响不大,施肥有利于提高水稻产量,不同水肥处理下 G2F1 组合的产量最大。2008 年同一水分处理下,不同施肥水平间,产量均表现为 F2 最大;G1 处理下,F2 分别高于 F1、F0 处理 1.5%、56.7%;G2 处理下,F2 分别高于 F1、F0 处理 4.2%、66.5%。不同水分处理间,在 F0、F1、F2 处理下,G1 处理的产量分别高于 G2 处理 9.8%、6.1%、3.4%。不同的水肥组合方式间,G1F1 的表现为最优。这表明:在节水灌溉模式下,适量施肥有利于产量的提高,但是过量施肥对产量的影响并不明显。

### 4. 稻田氮、磷浓度变化规律

分蘖期稻田氮、磷浓度在深度的变化如图 4.9 所示。在分蘖期不同水肥处理下,$NH_4^+$-N 浓度随深度的增加递减,随施氮量的增大,$NH_4^+$-N 渗漏量加大。$NO_3^-$-N 浓度随深度增加大递减,G2F1、G2F2 水肥处理下,$NO_3^-$-N 在 45cm 深度的浓度大于 30cm 深度,说明 G2F1、G2F2 水肥处理下 $NO_3$-N 渗漏损失严重。TN 浓度同样在深度上呈递减趋势,在 45cm 深度,TN 浓度随施氮量的增大而增大,且以 G2F2 处理下浓度最大,说明总氮随施氮量的增加渗漏量增加,且在 G2 水分处理下渗漏量最大。TP 浓度随深度的增加呈现先减少后增大的趋势,且随施肥量的增加而减少。

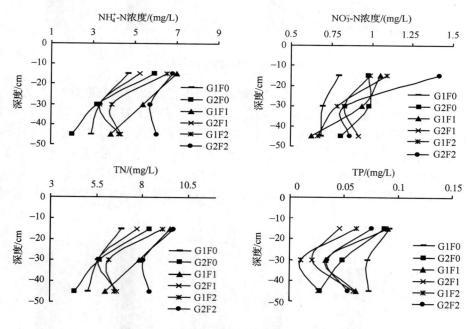

图 4.9　分蘖期稻田氮、磷浓度在深度的变化

抽穗期稻田氮、磷浓度在深度的变化如图 4.10 所示。在抽穗期不同水肥处理下，$NH_4^+$-N 浓度随深度呈先减少后增加的趋势，抽穗期根系吸氮量增大，另外 $NH_4^+$-N 继续渗漏造成 45cm 深度 $NH_4^+$-N 浓度增大。$NO_3^-$-N 浓度随深度增加大致呈递减趋势，15cm、45cm 深度处，以 G2F2 处理下的 $NO_3^-$-N 浓度最大，说明高施肥容易造成 $NO_3^-$-N 深层渗漏。F1、F2 处理下 TN 浓度随深度变化不大，15～30cm 深度 F0 处理下 TN 浓度明显小于 F1、F2 处理，并呈减少后增大的趋势，这表明施肥能为水稻生长提供更充足的养分，45cm 深度处，不同水肥处理下的 TN 浓度相差不大。TP 浓度随深度的变化不大，G2F2 处理下 TP 浓度先减少后增大，表明 G2F2 处理下 TP 渗漏较严重。

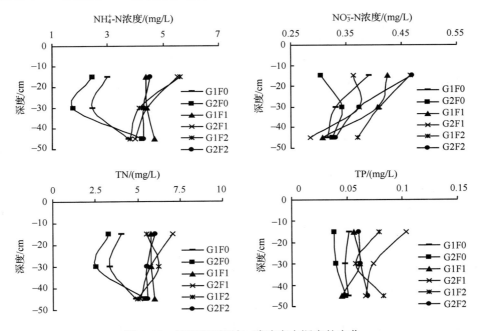

图 4.10　抽穗期稻田氮、磷浓度在深度的变化

黄熟期稻田氮、磷浓度在深度的变化如图 4.11 所示。黄熟期不同水肥处理下，$NH_4^+$-N 浓度从 15～30cm 深度呈增加趋势，30～45cm 深度变化不大，且以 F0 施肥下的 $NH_4^+$-N 浓度最小，表明施氮能为水稻生长提供更充足的养分。此生育期 $NH_4^+$-N 积聚在 30cm 深度左右，有利于为水稻根系吸收养分。$NO_3^-$-N 浓度随深度增加而递减，但减少幅度不大，30～45cm 深度范围，不同水肥处理下 $NO_3^-$-N 浓度相差不大。TN 浓度随深度变化不大，不同水肥处理下相差不大，其中以 F0 施肥方式下 TN 浓度最小，G2F1 施肥下最大，这是 G2F1 处理下水稻产量最大的主要原因。TP 浓度在 15～30cm 深度递减，30～45cm 深度变化不大，表明此生育

期 TP 渗漏不严重。

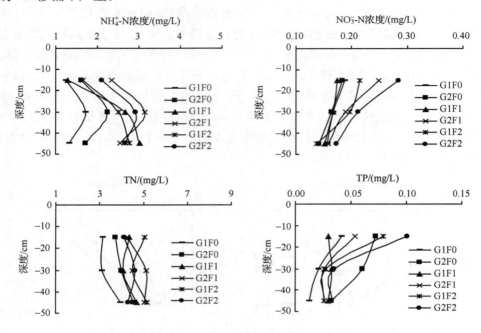

图 4.11　黄熟期稻田氮、磷浓度在深度的变化

不同生育时期氮浓度的变化如图 4.12 所示。15cm 深度土壤溶液中 $NH_4^+$-N、$NO_3^-$-N、TN 的浓度随着生育时期的发展均呈降低趋势,这是因为浅层土壤中的氮除一部分被作物吸收外,另一部分因挥发、渗漏等过程而损失,使得氮浓度随生育时期而降低。30cm 深度土壤溶液中的 $NH_4^+$-N 浓度先迅速升高然后下降,这是因为分蘖期末期后有晒田,土壤环境处于好气环境,土壤有机质易于分解而释放 $NH_4^+$-N,使得其浓度增大,在孕穗、抽穗期以后随着作物的吸收利用以及渗漏损失,$NH_4^+$-N 浓度缓慢降低;$NO_3^-$-N 一般不容易被土壤胶体所吸附,移动性大,极易淋失,故 30cm 深度的 $NO_3^-$-N 浓度随生育时期递减。因此,TN 浓度在分蘖至抽穗期略有上升,而后逐渐降低。45cm 深度处 $NH_4^+$-N、TN 浓度在分蘖期至抽穗期均略有上升,然后基本保持不变,$NO_3^-$-N 浓度基本不变,原因是上层土壤溶液中的氮不断渗漏,而同时此处的氮不断向下渗漏,使得 45cm 深度的 $NH_4^+$-N、$NO_3^-$-N、TN 浓度基本持平。

在深度上,分蘖期 $NH_4^+$-N、$NO_3^-$-N、TN 浓度均以 15cm 深度最大,45cm 深度浓度最小。随着生育时期发展到抽穗期,30cm 深度的 $NH_4^+$-N、$NO_3^-$-N、TN 浓度逐渐与 15cm 深度的浓度接近相等,45cm 深度的 $NH_4^+$-N、$NO_3^-$-N、TN 浓度也略有上升,从抽穗到黄熟期,45cm 深度的 $NH_4^+$-N、$NO_3^-$-N、TN 浓度逐渐超过

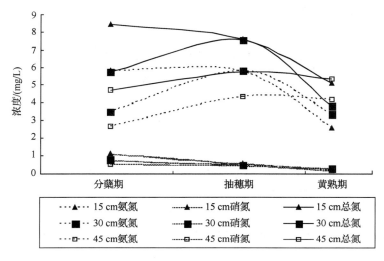

图 4.12　不同生育时期 $NH_4^+$-N、$NO_3^-$-N、TN 的变化

30cm 深度的浓度,甚至高于 15cm 深度的浓度,说明随着生育时期的发展 $NH_4^+$-N、$NO_3^-$-N、TN 逐渐向下层渗漏,导致下层氮浓度增大,最后在下层富集。

5. 水稻田间尺度水分利用效率

水稻田间尺度的水分利用效率一般采用水分生产率指标表示,由于生产实践中很难单独定量分析植株蒸腾,往往结合水量平衡中各组成部分水量的不同来源和用途,可分别研究田块内毛入流量、灌溉水量、作物蒸发蒸腾量来表示不同的水分生产率指标,即 $WP_{gross}$、$WP_I$ 和 $WP_{ET}$[2]:

$$WP_{gross} = Y/(I+P) \tag{4.1}$$
$$WP_I = Y/I \tag{4.2}$$
$$WP_{ET} = Y/ET \tag{4.3}$$

式中,$Y$ 为作物产量(kg/亩);$I$ 为灌溉水量(mm);$P$ 为降雨量(mm);ET 为作物腾发量(mm)。

由于作物的蒸发蒸腾量与作物的生长及产量关系密切,用水稻田间蒸发蒸腾量占毛入流量(降雨量+灌溉水量)的比率 $PF_{gross}$ 反映水分的有益消耗比例:

$$PF_{gross} = ET/(P+I) \tag{4.4}$$

由表 4.4 中可以看出,在相同的肥料处理下,$WP_{gross}$、$WP_I$、$WP_{ET}$ 的大小为 G1>G2,说明 G1(浅灌深蓄)模式可以更好地利用水分,提高水分利用效率。在相同的水分处理下,$WP_{gross}$、$WP_I$、$WP_{ET}$ 均表现为施肥处理的水分生产率大于不施肥处理的水分生产率,说明施肥能提高水分生产率。因作物的腾发量采用 Penman-Montieth 公式计算,不同的处理均相等,而浅灌深蓄这种灌溉方式能够更好地利用降水,灌水量很少,所以腾发量占毛入流量(降雨量＋灌水量)的比例 $PF_{gross}$ 为 G1＞G2。

表 4.4　不同处理下水稻产量及水分利用效率

| 处理 | 产量/(kg/亩) | $WP_{gross}$/(kg/m³) | $WP_I$/(kg/m³) | $WP_{ET}$/(kg/m³) | $PF_{gross}$ |
|------|------|------|------|------|------|
| G1F0 | 368.3 | 0.74 | 3.49 | 0.94 | 0.788 |
| G1F1 | 568.5 | 1.14 | 5.39 | 1.45 | 0.788 |
| G1F2 | 577.2 | 1.16 | 5.48 | 1.47 | 0.788 |
| G2F0 | 335.3 | 0.59 | 1.93 | 0.86 | 0.693 |
| G2F1 | 535.6 | 0.95 | 3.08 | 1.37 | 0.693 |
| G2F2 | 558.2 | 0.99 | 3.21 | 1.43 | 0.693 |

　　综合考虑水分利用率指标及产量,能够更好地利用水分的组合为 G1F1 与 G1F2。

### 6. 水稻田间尺度氮肥利用率

　　氮肥利用率常用的定量指标有氮素生产效率(N production efficiency,NPE)、氮素农学利用率(N agronomic efficiency,NAE)、氮素吸收利用率(N recovery efficiency,NRE)和氮素偏生产力(N partial factor productivity,NPF),这些指标从不同的侧面描述了作物对氮素或氮肥的利用率。氮素生产效率包括氮素干物质生产效率(N dry matter production efficiency,NDMPE)和氮素稻谷生产效率(N grain production efficiency,NGPE),反映吸氮量转化为干物质或产量的多少;氮素农学利用率(NAE)可以评价施氮量的增产效应;氮素吸收利用率(NRE)反应氮肥的利用程度,也称为氮肥的表现利用率。氮素偏生产力(NPF)是反映当地土壤基础养分和氮肥施用量综合效应的指标。计算公式如下[3]:

　　氮素干物质生产效率(NDMPE,kg/kg):

$$NDMPE = \frac{DMA}{TNA} \tag{4.5}$$

　　氮素稻谷生产效率(NGPE,kg/kg):

$$NGPE = \frac{GY}{TNA} \tag{4.6}$$

　　氮素农学利用率(NAE,kg/kg):

$$NAE = \frac{GY_F - GY_0}{NF} \tag{4.7}$$

　　氮素吸收利用率(NRE,%):

$$NRE = \frac{TNA_F - TNA_0}{NF} \times 100\% \tag{4.8}$$

氮素偏生产力(NPF,kg/kg):

$$NPF = \frac{GY_F}{NF} \tag{4.9}$$

上述式中,DMA 为单位面积植株干物质积累量(kg/hm²);GY 为单位面积稻谷产量(kg/hm²);GY_F 为施氮处理稻谷产量(kg/hm²);GY_0 为不施氮处理的稻谷产量(kg/hm²);TNA 为单位面积植株氮积累量(kg/hm²);TNA_F 为施氮处理单位面积植株氮素积累量(kg/hm²);TNA_0 为不施氮处理单位面积植株氮素积累量(kg/hm²);NF 为单位面积氮肥施用量(kg/hm²)。

由表 4.5 可以看出,不论何种水分处理,水稻产量 F2>F1>F0,说明施氮有利于产量的提高。但由反映氮肥增产效应的氮素的农学利用率可以看出,F1 处理下的 NAE 为平均为 22.25kg/kg,F2 处理下的 NAE 平均为 17.99kg/kg,说明 F1 处理下,氮肥的增产效果更好,且 F1 为中氮处理(135kg/hm²),相对于 F2 处理(180kg/hm²)不但氮肥的增产效果更好,还能节约氮肥。氮素的吸收利用率 G1F1 组合最大(41.3%),其次为 G2F2(37.1%)、G2F1(34.5%)。G1 水分处理下,氮素的偏生产力中氮处理(F1)比高氮处理(F2)高 15%;G2 水分处理下,氮素的偏生产力 F1 比 F2 高 13%。说明节水灌溉处理下,过多的施氮反而会使氮素的偏生产力及吸收利用率降低,从而造成氮肥的浪费并对环境产生危害。

表 4.5　不同处理氮肥利用效率

| 处理 | 产量 /(kg/亩) | TNA /(kg/hm²) | NDMPE /(kg/kg) | NGPE /(kg/kg) | NAE /(kg/kg) | NRE/% | NPF /(kg/kg) |
|---|---|---|---|---|---|---|---|
| G1F0 | 368.3 | 101.24 | 209.93 | 54.57 | / | / | / |
| G1F1 | 568.5 | 157.02 | 169.69 | 54.29 | 22.24 | 41.3 | 63.17 |
| G1F2 | 577.2 | 157.52 | 162.44 | 54.96 | 17.41 | 31.3 | 48.10 |
| G2F0 | 335.3 | 93.5 | 224.68 | 53.79 | / | / | / |
| G2F1 | 535.6 | 140.04 | 196.82 | 57.37 | 22.26 | 34.5 | 59.51 |
| G2F2 | 558.2 | 160.35 | 171.55 | 52.21 | 18.58 | 37.1 | 46.52 |

施氮水平可以显著影响植株氮素积累总量,施氮处理(F1、F2)的 TNA 明显多于不施氮处理(F0),但是吸氮量越多并不代表转化为干物质或产量的氮素越多。比较不同处理下氮素的干物质生产效率,转化为干物质的氮素并没有随着吸氮量的增加而增加,反而减少了。G1 水分处理下,F0 的氮素干物质生产效率比 F1、F2 的多 40.24kg/kg、47.49kg/kg;G2 水分处理下,F0 比 F1、F2 多 27.86 kg/kg、52.96 kg/kg。氮素的稻谷生产效率 F0、F1、F2 处理相差不大,随着施氮量增加,氮素的稻谷转化率并没有显著提高。

综合考虑氮肥的利用效率指标及水稻产量,浅灌深蓄与施中氮处理的组合

(G1F1)氮肥的吸收利用率（NRE）与偏生产力（NPF）最大，氮肥增产效应为 22.24kg/kg，而且每公顷可以节约氮肥 45kg，其次为 G2F1 组合。

### 7. 稻田尺度最佳水肥耦合关系研究

根据 2008 年团林田间试验资料，以产量为目标函数（Y），以水分投入（$X_1$）、施氮量（$X_2$）为控制变量，用 SPSS 对数据进行处理，得到水稻产量对二因素的回归模型：

$$Y = -8.525 + 0.042X_1 + 0.019X_2 - 0.000029X_1^2$$
$$- 0.000065X_2^2 + 0.000005X_1X_2 \qquad (4.10)$$

式中，$Y$ 为产量（t/hm²）；$X_1$ 为水分投入（mm）；$X_2$ 为施氮量（kg/hm²）。

根据产量效应模型，计算不同水分投入与施氮量处理下的理论产量，如表 4.6 所示，将不同水肥处理下的理论产量与实际产量比较，各产量值均比较接近，相关系数 $R = 0.972$，因此，理论产量与实际产量差异不显著。

**表 4.6　理论产量与实际产量比较**（单位：t/hm²）

| 不同处理 | G1 | | G2 | |
| --- | --- | --- | --- | --- |
| | 实际产量 | 理论产量 | 实际产量 | 理论产量 |
| F0 | 5.524 | 5.417 | 5.029 | 5.014 |
| F1 | 8.527 | 8.553 | 8.034 | 8.199 |
| F2 | 8.658 | 8.564 | 8.373 | 8.324 |

经检验该回归模型模拟项的 $F = 7.25$，大于 0.01 水平下的 $F$ 值为 6.70，说明方程是极显著的，模型与实际情况拟合很好，能够反映产量与水分投入量与施氮量的关系，可以进行效应分析及预测。

各偏回归系数的大小直接反映变量对产量的影响程度。从回归模型中可以看出，水分的主效应大于氮肥的主效应。这表明节水灌溉方式下单位水分投入量的增产量大于单位氮肥投入量的增产量。由回归模型中看出二次项的系数均为负值，这说明产量随着水、氮的增加表现为报酬递减的规律，当水、氮量超过临界值时，产量会降低。将回归模型中的水分投入量和施氮量中的一个固定在零水平，求得单因素对产量的偏回归函数。

水分投入量：

$$Y = -8.525 + 0.042X_1 - 0.000029X_1^2 \qquad (4.11)$$

施氮量：

$$Y = -8.525 + 0.019X_2 - 0.000065X_2^2 \qquad (4.12)$$

令 $\dfrac{dY}{dX_i} = 0 (i = 1, 2)$，求使 $Y_i$ 达到极大值时各要素单独施用的最适量，得到：

$X_1 = 742.1\text{mm}$，$X_2 = 146.1\text{kg/hm}^2$，即当 $X_1 = 742.1\text{mm}$ 时，边际产量趋近于零，产量达最高，之后边际产量转化为负值，产量开始下降，出现随灌水量的增加而减产的现象。氮肥对水稻产量的变化趋势和灌水量相似，当 $X_2 > 146.1\text{kg/hm}^2$ 时，产量会降低，这主要是由于肥料浓度较高时，同化作用受到抑制所致。

水分和氮肥之间存在耦合效应，交互项为 $0.000005X_1X_2$，交互效应小于水、氮主效应。回归模型分别对 $X_1$、$X_2$ 求偏导，得到

$$\frac{\partial Y}{\partial X_1} = 0.042 - 0.000058X_1 + 0.000005X_2 \tag{4.13}$$

$$\frac{\partial Y}{\partial X_2} = 0.019 - 0.00013X_2 + 0.000005X_1 \tag{4.14}$$

令 $\dfrac{\partial Y}{\partial X_1} = \dfrac{\partial Y}{\partial X_2}$，就可以得到水分效应和肥力效应的等效点方程：

$$X_1 = 365.1 + 2.14X_2$$

当 $X_1 > 365.1 + 2.14X_2$ 时，水分效应小于氮肥效应，当 $X_1 < 365.1 + 2.14X_2$ 时，水分效应大于氮肥效应。根据极值判别原则，解得：$X_1 = 739.15\text{mm}$，$X_1 = 174.58\text{kg/hm}^2$ 时，$Y$ 取得理论最大值 $8.656\text{t/hm}^2$。这表明在节水灌溉条件下，水、氮投入量存在一个临界值使产量最高。本试验条件下水分投入量为 $739.15\text{mm}$，施氮量为 $174.58\text{kg/hm}^2$ 时，产量最高为 $8.656\text{t/hm}^2$，此时，水分利用效率为 $1.17\text{kg/m}^3$，氮肥利用效率为 $49.58\text{kg/kg}$。当固定水分投入量为 $739.15\text{mm}$，施氮量为 $100 \sim 135\text{kg/hm}^2$ 时，产量变化范围为 $8.295 \sim 8.578\text{t/hm}^2$，氮肥利用率变化范围为 $61.3 \sim 82.9\text{kg/kg}$，氮肥利用效率比产量最大时高 $11.72 \sim 33.32\text{kg/kg}$。

## 4.2 稻田水肥高效利用多维调控模拟

### 4.2.1 建模思路

基于湖北漳河灌区团林试验站的田间尺度试验数据，应用作物生长模型 ORYZA2000 模拟了湖北中稻的干物质积累量、产量及叶面积指数，并进行了模型参数校验及适应性验证；基于田间水文模型 DRAINMOD 进行了田间排水过程及 N 损失模拟效果验证；联合运用这两个模型，在 1978～2008 年 31 年的时间序列上进行模拟，得到灌溉、施肥、控制排水等田间管理措施与年均灌水量、年均排水量、年均产量、年均农田 N 损失量之间的动态响应关系。

### 4.2.2 稻田水肥高效利用多维调控模拟模型系统

稻田水肥高效利用多维调控模拟模型系统是由 ORYZA2000 与 DRAINMOD

两个模型耦合而成。其中,ORYZA2000 模型由国际水稻所和荷兰 Wageningen 大学共同研制,可以模拟水稻潜在产量及水分限制或/和氮素限制状况下水稻的生长、发育和水分平衡[4~6],但难以直接进行养分动态变化过程的模拟,需要引用田间水文模型作为补充。DRAINMOD 是美国北卡罗来纳州立大学农业生物工程系 Skaggs 博士在 1978 年开发建立的一个田间水文模型[7],以此为基础的 DRAIN-MOD 6.0 不仅可研究排水系统设计和水位管理对地下水位、排水量和作物产量的影响,还可模拟地下水位浅埋地区农田系统的氮素运移转化情况。因此,可利用两个模型各自的功能,在验证它们各自适用性基础上,联合运用(图 4.13)可以更全面更清楚的认识水分和氮素在整个水稻农田系统中的运移转化过程,为灌排系统水肥高效利用优化调控模拟研究找到一条途径,可用于研究灌水、排水、施肥等田间管理措施与作物产量、节水效果、水肥利用率、农田 N 损失等实践成果之间的动态响应关系。

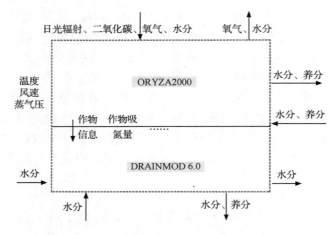

图 4.13　ORYZA 2000 和 DRAINMOD 6.0 模型的联合运用示意图

### 4.2.3　模型参数率定及适应性分析

以 2007 年、2008 年团林试验站大田试验数据为依据,对水稻生产模拟模型 ORYZA2000 以及田间尺度水文模型 DRAINMOD 6.0 分别进行参数调试及率定,并运用数值分析、相关分析、回归分析等方法对两个软件的适用性进行验证。

1. ORYZA2000 率定结果分析

ORYZA2000 继承了作物生长模拟模型的"School of de Wit"原则,能够很好地模拟潜在产量、水分和/或氮素限制条件下水稻的生长发育以及土壤水分平衡[6]。模型进行生长和产量模拟时,假定作物不受病虫害、杂草及其他减产因素的影响。本书应用 ORYZA2000 进行水、氮联合限制条件下水稻生长发育的模拟。由图 4.14 和表 4.7 可知,从线性回归分析指标来看,模拟值与实测值回归系数 $\alpha$ 分别为 0.9668 和 0.959,较接近于 1,截距 $\beta$ 变化范围为 78.0～432.7,绝对值相对较小,决定系数 $R^2$ 在 0.895～0.907 之间,这说明模拟值和实测值的线性相关关系明显。从 $t$ 检验的结果来看,$P(t^*)$ 值均大于 0.05,说明各项生物量的模拟值与实测值在 0.05 的显著水平下均比较吻合。因此,模型模拟产量效果较好。

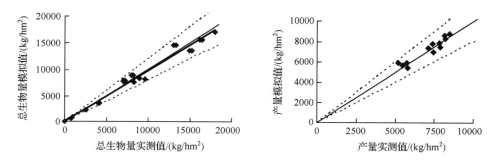

图 4.14　ORYZA2000 模型模拟水稻生物量和产量与实测值的比较图

**表 4.7　地上部分生物量与产量模拟评价结果**(单位:kg/hm²)

| 变量名称 | 总生物量 | 产量 |
|---|---|---|
| $N$ | 30 | 12 |
| $P(t)$ | 0.21 | 0.45 |
| $\alpha$ | 0.9668 | 0.959 |
| $\beta$ | 78 | 432.7 |
| $R2$ | 0.895 | 0.907 |
| RMSE | 1516.6 | 963 |
| NRMSE | 11.1 | 14 |
| CV | 10.3 | 10 |

注:$N$ 为样本数;$P(t)$ 为 $t$-检验显著性;$\alpha$ 为模拟值与观测值线性相关的斜率;$\beta$ 为模拟值和观测值线性相关的截距;$R2$ 为模拟值和观测值线性相关系数;RMSE 为均方根误差;NRMSE 为归一化均方根误差;CV 为变异系数。

### 2. DRAINMOD 模型参数率定及模拟结果分析

DRAINMOD 6.0 模型应用于我国南方湿润灌区尚属首次,因此,需根据灌区灌溉制度以及排水情况对模型输入参数进行一些调整。持续的积水状态:在作物生育期大部分时间内稻田都处于积水状态。DRAINMOD 模型中对排水过程的计算大致可以分成两种情况:一是旱田以及水田非积水期间,近似采用 Hooghout

稳定流公式计算排水流量;二是在生长期内地表处于积水状态,此时的排水流量根据 Kirkham 公式进行计算。但由于该公式是针对暗管排水,为了能够模拟农田明沟排水,本研究根据 Kirkham 的流场理论改进方法计算的理论值,进行模型参数调整,以保证模拟精度。主要调整参数包括排水模数以及排水暗管的有效管径。

DRAINMOD 模型所需要的输入数据包括:土壤特性数据、作物数据、排水系统参数、气象资料,DRAINMOD-N II 选择氨挥发模式,所需要的与 N 相关的输入数据包括:土壤资料、作物管理数据、N 转行运移数据及有机物参数。

模型因其使用简便且预测准确等优点已经在国内外得到了广泛的应用[8~10]。排水量验证时间为水稻生育期,开始时间为 6 月 3 日(第 155 天),如图 4.15、图 4.16所示。由表 4.8 可知,各处理条件下,MAE(绝对误差)都在 15 mm 之内,建模系数都在 0.92 以上,相对误差都在 0.96 以上。由以上分析可以看出,DRAINMOD 6.0 模型模拟排水量效果较好。

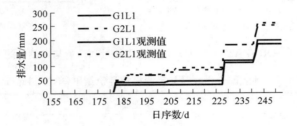

图 4.15　控制排水条件下两种灌溉模式的累计排水量模拟效果

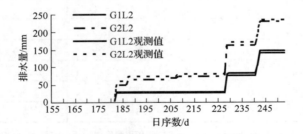

图 4.16　自由排水条件下两种灌溉模式的累计排水量模拟效果

表 4.8　DRAINMOD 6.0 模拟田间排水过程评价结果

| 统计量 | G1L1 | G2L1 | G1L2 | G2L2 |
| --- | --- | --- | --- | --- |
| MAE/mm | 7.7 | 5.6 | 13.7 | 6.6 |
| E | 0.96 | 0.97 | 0.92 | 0.96 |
| DV | 0.97 | 0.98 | 0.96 | 0.98 |

注:MAE 为绝对误差;E 为建模效率;DV 为相对误差。

农田 N 损失主要包括两部分,即地表径流损失和淋溶损失。各种灌溉和排水模式组合在施 N 水平 180kg/hm² 和 135kg/hm² 两种情况下,实测平均累计 N 损失量与模拟累计 N 损失量分别如图 4.17 和图 4.18 所示,各评价指标值如表 4.9 所示。MAE 都在 1.16 kg/hm² 之内,建模系数 E 都在 0.88 以上,相对误差 DV 都在 0.91 以上。可见,DRAINMOD 模型模拟得到的农田 N 损失累积过程与实测值比较温和,总体模拟效果较好。

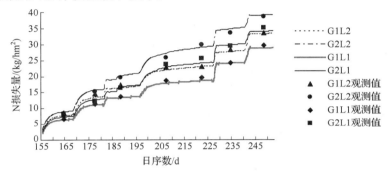

图 4.17　施 N 水平为 180 kg/hm² 时农田 N 损失量累积过程模拟效果图

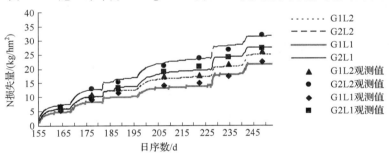

图 4.18　施 N 水平为 135 kg/hm² 时农田 N 损失量累积过程模拟效果图

**表 4.9　DRAINMOD 模拟 N 损失累积过程评价指标计算表**

| 统计量 | 180kg/hm² 施肥水平时 | | | | 135kg/hm² 施肥水平时 | | | |
| --- | --- | --- | --- | --- | --- | --- | --- | --- |
| | G1L1 | G2L1 | G1L2 | G2L2 | G1L1 | G2L1 | G1L2 | G2L2 |
| MAE/(kg/hm²) | 0.44 | 0.53 | 0.83 | 1.08 | 1.16 | 0.68 | 0.77 | 0.56 |
| E | 0.95 | 0.93 | 0.91 | 0.89 | 0.88 | 0.92 | 0.91 | 0.93 |
| DV | 0.97 | 0.96 | 0.94 | 0.91 | 0.91 | 0.95 | 0.94 | 0.96 |

## 4.2.3　不同水肥耦合与灌排处理下的产量环境效应

### 1. 水肥高效利用优化调控试验设计

设计三种灌溉模式:雨养模式(no water,NW)、淹灌(continue water,CW)、

干湿交替灌溉模式(alternate water,AW),其中淹灌和干湿交替灌溉模式分别设30 mm、45 mm、60 mm 和 75 mm 四种田间灌溉定额处理,如淹灌模式 30mm 田间灌溉定额处理方式即在生育期内保持淹灌,且每次灌水的田间灌溉定额都是30mm,记为 CW30,其他处理可由此类推。三种灌溉模式生育期各阶段适宜水深和田间持水深度上下限如表 4.10 所示。其中干湿交替灌溉模式每次灌水后田面淹水 3~7d,落干 2~3d。

表 4.10  水稻不同灌溉模式水层设计(单位:mm)

| 灌溉模式 | 返青期 | 分蘖前期 | 分蘖末期 | 拔节孕穗期 | 抽穗开花期 | 乳熟期 | 黄熟期 |
|---|---|---|---|---|---|---|---|
| CW | 10~40~50 | 10~50~70 | 晒田 | 10~90~120 | 10~90~120 | 10~80~100 | 晒田 |
| AW | 5~40~50 | 5d~50~70 | 晒田 | 8d~90~120 | 8d~90~120 | 8d~80~100 | 晒田 |
| NW | 50 | 70 | 晒田 | 120 | 120 | 100 | 晒田 |

本研究共设计了 12 种氮肥水平,分别为 0、30、60、90、120、150、180、210、240、270、330、390kg/hm²,每种施肥水平下都分三次施用,其中基肥 50 %,分蘖肥30%,拔节肥 20%。

设计控制排水和自由排水两种排水模式,其中控制排水又设 20cm、30cm、40cm、50cm 四种控制排水深度。

以上试验设计中,灌溉、施肥、排水分别有 9、12、5 种处理,则三个调控变量组合起来共有 540 种处理。本研究应用湖北漳河灌区团林灌溉试验站 1978~2008年共 31 年气象资料,对设计的各种处理组合进行模拟预测。

2. 灌溉排水处理与年均灌溉水量的动态响应关系

通过 ORYZA2000 与 DRAINMOD 6.0 的联合模拟,得到灌溉和排水处理与年均灌溉量的动态响应关系(表 4.11)。

表 4.11  灌溉排水模式与年均灌溉量的动态响应关系表(单位:mm)

| | AW30 | AW45 | AW60 | AW75 | CW30 | CW45 | CW60 | CW75 |
|---|---|---|---|---|---|---|---|---|
| FD | 131.6 | 152.4 | 168.4 | 176.6 | 199.4 | 216.3 | 243.9 | 280.6 |
| CD20 | 111.3 | 129.2 | 147.1 | 162.1 | 173.2 | 191.6 | 218.7 | 251.6 |
| CD30 | 117.1 | 135.0 | 152.9 | 166.9 | 180.0 | 198.9 | 226.5 | 258.9 |
| CD40 | 121.9 | 139.4 | 156.8 | 169.4 | 185.8 | 204.7 | 232.3 | 266.1 |
| CD50 | 125.8 | 143.7 | 160.6 | 171.8 | 190.6 | 209.0 | 236.1 | 271.0 |

注:FD 为自由排水模式(free drainage);CD 为控制排水模式(control drainage),CD20、CD30、CD40、CD50 分别为控制排水深度为 20cm、30cm、40cm、50cm 的处理;AW 为干湿交替灌溉模式(alternate water),AW30、AW45、AW60、AW75 分别为灌溉定额为 30mm、45mm、60mm、75mm 的处理;CW 为淹灌模式(continue water),CW30、CW45、CW60、CW75 分别为灌溉定额为 30mm、45mm、60mm、75mm 的处理。

根据模拟结果分析,干湿交替灌溉模式与淹灌模式相比可以减少灌溉量,其他处理相同的情况下,干湿交替灌溉模式最多年均减少 37.1％的灌溉量,最少年均减少 29.5％的灌水量;较小的灌溉定额与较大的灌溉定额相比可以减少灌溉量,其他处理相同的情况下,30mm 灌溉定额与 75mm 灌溉定额相比,最多可以减少 31.3％的灌水量,最少可以减少 25.4％的灌水量;控制排水模式与自由排水模式相比可以减少灌溉量,其他处理相同的情况下,控制排水模式最多可以减少 15.4％的灌水量,最少可以减少 3％的灌水量;较浅的控制排水深度与较深的控制排水深度相比可以减少灌溉量,其他处理相同的情况下,20cm 控制排水深度与 50cm 控制排水深度相比最多可以减少 11.5％的灌水量,最少可以减少 5.6％的灌水量。其原因是为干湿交替灌溉模式在田间水层落干期间,可以减少水稻腾发量和田间渗漏量,从而减少田间灌水量;较小的灌溉定额可以保持较薄的田间水层,从而减少渗漏的压力水头,使田间渗漏量减少,并且遇到降雨时,田间可以储蓄更多的降雨,大大提高了降雨利用率;控制排水可以雍高田间地下水位,增加地下水的上升通量,同时也可以减少田间渗漏,控制排水深度越浅时这两种作用效果越明显,减少的田间灌水量也越多。

3. 灌溉排水处理与年均排水量的动态响应关系

模拟研究得到的灌溉排水处理与年均排水量的动态响应关系如表 4.12 所示。根据模拟结果分析,干湿交替灌溉模式与淹灌模式相比可以减少排水量,在排水处理和灌溉定额相同的情况下,干湿交替灌溉模式最多可以减少 29.1％的排水量,最少可以减少 17.4％的排水量,这主要是因为干湿交替灌溉模式在无田间水层期或薄田间水层时,可以存储更多降雨,提高降雨利用率,减少排水量。较小的灌溉定额与较大的灌溉定额相比可以减少排水量,其他处理相同的情况下,30mm 灌溉定额与 75mm 灌溉定额相比,最多可以减少 26.1％的排水量,最少可以减少 19.7％的排水量,这是由于较小灌溉定额具有较薄的平均田间水层,可以存储更多-降雨,提高降雨利用率,减少排水量。

表 4.12  灌溉排水处理与年均排水量的动态响应关系表(单位:mm)

|  | AW30 | AW45 | AW60 | AW75 | CW30 | CW45 | CW60 | CW75 |
|---|---|---|---|---|---|---|---|---|
| FD | 79.1 | 86.5 | 96.5 | 98.0 | 101.3 | 112.4 | 126.2 | 138.2 |
| CD20 | 87.9 | 97.2 | 104.0 | 109.4 | 106.5 | 122.1 | 137.2 | 144.8 |
| CD30 | 85.7 | 94.3 | 102.1 | 106.3 | 104.9 | 119.8 | 134.3 | 142.8 |
| CD40 | 83.7 | 91.7 | 100.4 | 103.8 | 103.3 | 117.9 | 131.7 | 141.2 |
| CD50 | 81.8 | 89.4 | 98.8 | 101.3 | 102.0 | 116.0 | 129.4 | 139.6 |

控制排水模式与自由排水模式相比,排水量略有增加,其他处理相同的情况

下,控制排水模式排水量最多可以增多 12.3％的排水量,最少可以增多 1％的排水量;较浅的控制排水深度与较深的控制排水深度相比会增多排水量,其他处理相同的情况下,20cm 控制排水深度与 50cm 控制排水深度相比最多可以增加 8.7％的排水量,最少可以增多 1.4％的排水量。这是因为控制排水可以雍高田间地下水位,增加地下水的上升通量,减少田间渗漏,且控制排水深度越浅效果越明显,这样使得田间水层下降变慢,平均田间水层深度变大,遇到较大降雨时可以储蓄的降雨变少,故排水量略有增加。

### 4. 水肥运筹与年均产量的动态响应关系

通过模拟研究(图 4.19),灌溉比不灌溉年均产量最多可以增加 16.3％,最少可以增加 7.1％,而对某些干旱年份来说,灌溉增产幅度更多,有的年份缺少灌溉甚至会引起水稻绝产。因此灌溉对保证粮食生产安全,提高作物产量有着非常重要的作用。不同的灌溉模式和灌溉定额处理对作物的产量影响较小,施肥水平相同时,不同的灌溉模式和灌溉定额处理下的产量相差都在 1％范围内,并且干湿交替灌溉模式比淹灌模式下产量略高。其原因是为各种灌溉模式和灌溉定额处理下,稻田土壤始终保持湿润,水稻未受到水分胁迫,故其产量相近。而干湿交替灌溉模式改变了稻田长期淹水状态,水稻生态条件一定程度上得到改善,产量略有提高。

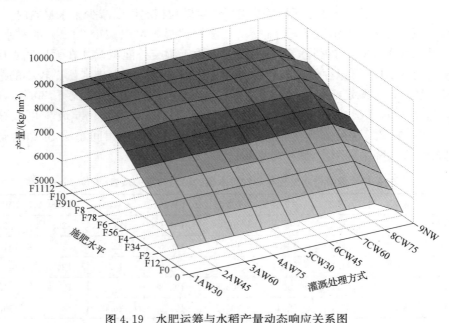

图 4.19　水肥运筹与水稻产量动态响应关系图

当灌溉处理相同时,随着氮肥用量的增加,水稻年均产量呈上升的趋势,但上升的幅度逐渐减小,当纯氮用量增加到一定范围后,水稻产量不再增加,反而减少。分析施肥水平不同导致的产量差异,其他处理相同情况下,最高产量与最低产量相比,最多可高出 61.2%,最少可高出 59.2%。

根据模拟结果,对不同灌溉处理下水稻年均产量随施 N 量的变化进行二次曲线拟合,得到不同纯氮施用量($x$,kg/hm²)与水稻产量($y$,kg/hm²)之间的一元二次方程,其中 AW30 的拟合结果如图 4.20 所示,其他处理的拟合结果类似。

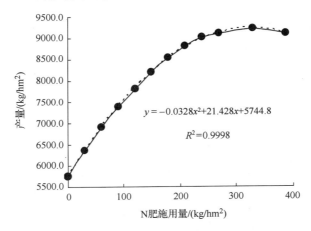

图 4.20　灌溉处理为 AW30 时的 N 肥生产函数拟合曲线

各种灌溉处理条件下的最高产量和相应的纯氮施用量如表 4.13 所示。

表 4.13　各种灌溉处理条件下的最高产量和相应的纯氮施用量表

| 灌溉处理方式 | AW30 | AW45 | AW60 | AW75 | CW30 | CW45 | CW60 | CW75 | NW |
|---|---|---|---|---|---|---|---|---|---|
| 最大产量/(kg/hm²) | 9244.5 | 9261.3 | 9254.5 | 9253.6 | 9233.4 | 9234.0 | 9229.9 | 9227.3 | 8529.3 |
| 施 N 量/(kg/hm²) | 326.6 | 326.9 | 324.0 | 327.3 | 330.7 | 330.8 | 330.6 | 331.0 | 340.4 |

5. 灌排处理和施肥水平与农田 N 损失量的动态响应关系

通过分析模拟结果得出,在灌溉处理和控制排水处理确定的情况下,农田 N 损失量与施 N 量成二次函数关系(表 4.14)。

模拟研究结果表明,其他处理相同时,灌溉处理 AW30 比 CW75 可减少 N 损失 26.97%～30.02%。控制排水可以减少稻田的 N 损失。模拟研究结果表明,其他处理相同时,控制排水深度为 20cm 时比非控制排水时可减少 N 损失 12.15%～15.85%。

表 4.14　各种灌排处理组合下 N 损失量与施 N 量关系二次曲线拟合参数数组表

| | FD | CD20 | CD30 | CD40 | CD50 |
|---|---|---|---|---|---|
| AW30 | (0.000667, 0.02002, 9.47) | (0.000562, 0.01686, 7.97) | (0.000591, 0.01769, 8.36) | (0.000617, 0.01851, 8.75) | (0.000644, 0.01931, 9.13) |
| AW45 | (0.000707, 0.02121, 10.03) | (0.000602, 0.01807, 8.54) | (0.000629, 0.01888, 8.93) | (0.000656, 0.01969, 9.31) | (0.000683, 0.02049, 9.69) |
| AW60 | (0.000749, 0.02247, 10.63) | (0.000635, 0.01904, 9.00) | (0.000665, 0.01996, 9.44) | (0.000695, 0.02085, 9.86) | (0.000723, 0.02170, 10.26) |
| AW75 | (0.000773, 0.02318, 10.96) | (0.000663, 0.01989, 9.40) | (0.000692, 0.02076, 9.82) | (0.000721, 0.02163, 10.23) | (0.000748, 0.02245, 10.61) |
| CW30 | (0.000821, 0.02464, 11.65) | (0.000691, 0.02074, 9.81) | (0.000727, 0.02180, 10.31) | (0.000760, 0.02280, 10.78) | (0.000791, 0.02374, 11.23) |
| CW45 | (0.000855, 0.02564, 12.12) | (0.000737, 0.02211, 10.45) | (0.000770, 0.02310, 10.92) | (0.000802, 0.02400, 11.34) | (0.000831, 0.02492, 11.78) |
| CW60 | (0.000888, 0.02663, 12.59) | (0.000778, 0.02333, 11.03) | (0.000809, 0.02426, 11.47) | (0.000838, 0.02513, 11.88) | (0.000865, 0.02594, 12.26) |
| CW75 | (0.000914, 0.02742, 12.96) | (0.000803, 0.02409, 11.39) | (0.000835, 0.02505, 11.84) | (0.000864, 0.02593, 12.26) | (0.000891, 0.02672, 12.63) |

注：表中列出各种组合下二次曲线拟合的参数数组$(a, b, c)$。数组的三个数值依次为二次曲线的二次项系数、一次项系数和常数项。

因此,干湿交替灌溉模式每次灌溉田间灌水定额取 30mm 时,控制排水深度为 20cm 时,此时年均灌溉次数为 3.7~4.4 次,具有很好的可操作性,可达到节水省肥、高产高效、减轻农田 N 损失等效果最好,建议在生产实践中推广应用。

## 4.3　稻田高产减污施肥管理模式

### 4.3.1　基于经济效益最佳的施 N 量临界调控

基于上文中的灌溉、排水的控制措施,根据肥料效应函数原理[5],研究以最佳经济效益为控制指标的施氮量。肥料的增产效应分为三个阶段。第一阶段:自起始点至平均增产量的最高点;第二阶段:自平均增产量的最高点至最高产量点;第三阶段:超过最高产量点即进入第三阶段,产量开始下降。经济最佳施肥量是指单位面积获得最大施肥利润(总增产值－肥料总成本)的施肥量。在肥料效应的第二阶段内,肥料效应的变化是符合报酬递减率的,当连续增施肥料($\Delta x$)时,增产量($\Delta y$)不断下降,即边际产量递减:

$$\frac{\Delta y_1}{\Delta x_1} > \frac{\Delta y_2}{\Delta x_2} \ldots \frac{\Delta y_n}{\Delta x_n} \tag{4.15}$$

因此,随着施肥量的增加,肥料的经济效益将依次出现下列三种变化:

$$\begin{cases} \Delta y P_y > \Delta x P_x & (\text{II a}) \\ \Delta y P_y = \Delta x P_x & (\text{II b}) \\ \Delta y P_y < \Delta x P_x & (\text{II c}) \end{cases} \tag{4.16}$$

式中, $P_x$ 和 $P_y$ 为产品和肥料价格。

II b 阶段时,增施肥料的增产值与肥料成本相等,即边际产值等于边际成本, $\frac{\mathrm{d}y}{\mathrm{d}x}P_y = P_x$ 边际利润 $R=0$,此时,增施肥料已不能增加施肥利润,单位面积的施肥利润达到最大值。因此,为了获得最大经济效益,施肥量应以 II b 阶段为最佳施肥点,低于此点,施肥利润相对较低,超过此限,增加肥料反而减少利润。边际利润为 0,只需 N 肥生产函数的导数等于 $P_x/P_y$ 即可。水稻价格按国家发改委 2009 年 1 月 24 日宣布的稻谷主产区中晚籼稻最低收购价每 50kg 92 元计算。尿素价格按新华社全国农副产品和农资价格行情系统 2009 年 2 月 3 日监测检测结果每 50kg 100.68 元计算,则纯 N 肥的折算价格为每 50kg 218.87 元。各种灌溉处理下,最佳经济效益及相应施 N 量如表 4.15 所示。未达到此施 N 量时,增加施 N 量会增加利润,但超过此施 N 量反而会减少利润。

表 4.15　各种灌溉处理下达最佳经济效益时施 N 量与产量表

| 灌溉处理方式 | AW30 | AW45 | AW60 | AW75 | CW30 | CW45 | CW60 | CW75 | NW |
|---|---|---|---|---|---|---|---|---|---|
| 产量/(kg/hm²) | 9201 | 9218 | 9212 | 9210 | 9189 | 9189 | 9185 | 9183 | 8481 |
| 施 N 量/(kg/hm²) | 290.4 | 290.8 | 288.5 | 291.0 | 293.3 | 293.3 | 293.2 | 293.6 | 299.9 |

### 4.3.2　基于适地养分综合管理的施 N 量临界调控

1. 适地养分综合管理新技术原理

集约水稻系统适地养分综合管理新技术(SSNM)是由浙江大学与国际水稻研究所(IRRI)合作,于 1997~2004 年间研究提出的[11]。SSNM 的发展综合考虑到了土壤固有养分供应能力(INuS)、当地特定的气候条件、季别、品种、合理的目标产量及其养分需求量、养分平衡、养分利用效率以及社会经济效益等诸多重要因素。SSNM 推荐施肥主要包括下列五个步骤:

(1) 定目标产量:基于当地特定气候条件下特定品种的潜在产量($Y_{max}$),确定合理的目标产量,目标产量一般设为 $Y_{max}$ 的 70%~80%。

(2) 估算作物养分需要量:养分需要量由修正的 QuEFTS 模型来计算[12]。

(3) 测定土壤固有养分供应能力(INuS):INuS 定义为在其他养分元素供应充足的情况下,作物生育期间土壤向作物所能提供某种指定养分的总量。采用设立缺肥区的方法在田间直接测定[12]。

(4) 计算施肥量:基于目标产量下作物对养分的需要量、INuS 以及肥料吸收利用率(REN )来计算。例如,氮肥施用量＝ (UN—INuS)/REN,其中 UN 为作物对 N 的吸收总量。

(5) 动态调整 N 肥施用期:按照需 N 总量确定基肥和分蘖肥的施用量,中后期氮肥的施用量则由叶片 N 素状况而定,即依据叶绿素仪或比色卡的读数来确定。

2. 基于 SSNM 法的施 N 量临界调控量计算

以上文的灌溉、排水调控措施系浙江省农科院育成的超高产杂交水稻品种为Ⅱ优 7954,产量潜力 11250kg/hm² 左右。取水稻目标产量为产量潜力的 75%,即 8437.5kg/hm²。本研究中,作物养分需要量通过 ORYZA2000 模型进行计算,土壤固有养分供应能力通过缺肥区对比实验直接测定,根据上述提出的水肥处理与水稻产量动态响应关系,可以得出各种灌溉处理下目标产量对应的施肥量,如表 4.16所示。

**表 4.16 各种灌溉处理下 SSNM 法确定施 N 量**

| 灌溉处理 | AW30 | AW45 | AW60 | AW75 | CW30 | CW45 | CW60 | CW75 | NW |
|---|---|---|---|---|---|---|---|---|---|
| 施 N 量/(kg/hm²) | 169.8 | 168.7 | 167.8 | 169.5 | 172.5 | 172.5 | 172.7 | 173.4 | 284.5 |

### 4.3.3 经济效益最佳模式与适地养分综合管理模式的比较

#### 1. 经济效益比较

施肥量发生变化时,产生的经济效益差额可用下面公式进行计算。

$$B = (Y_m - Y_s)P_y - (X_m - X_s)P_x \tag{4.17}$$

式中,$Y_m$、$X_m$ 为最佳经济效益时的产量和施 N 量(kg);$Y_s$、$X_s$ 为 SSNM 法氮肥管理时的产量和施 N 量(kg);$P_y$、$P_x$ 为稻谷价格和纯 N 肥价格(元)。

各种灌溉处理下,按 SSNM 法进行氮肥管理时,产生的经济效益与最佳经济效益的差额如表 4.17 所示。

**表 4.17 SSNM 氮肥管理效益与最佳经济效益差额表**

| 灌溉处理 | AW30 | AW45 | AW60 | AW75 | CW30 | CW45 | CW60 | CW75 | NW |
|---|---|---|---|---|---|---|---|---|---|
| 差额/元 | 876.9 | 901.6 | 896.7 | 889.5 | 854.0 | 854.0 | 847.9 | 845.6 | 12.6 |

#### 2. 农学氮素利用率比较

氮肥的农学利用率是一个国际通用的氮肥利用率的定量指标,它表示为单位施氮量增加的水稻籽粒产量,其计算公式如下:

$$\text{ANUE} = \frac{(\text{GY}_F - \text{GY}_0) \times 0.86}{N_F} \tag{4.18}$$

式中,$\text{GY}_F$ 为施氮处理稻谷产量(14%水分含量)(kg/hm²);$\text{GY}_0$ 为不施氮处理的稻谷产量(14%水分含量)(kg/hm²);NF 为氮肥施用量(kg/hm²);0.86 为将含水量为 14%的作物产量转化为烘干重基础的产量的系数。

最佳经济效益和 SSNM 氮肥管理模式下,各灌溉处理的农学氮素利用率如表 4.18所示。分析可知,SSNM 模式比最佳经济效益模式农学氮素利用率提高了 1/3 左右。

**表 4.18 最佳经济效益和 SSNM 两种模式农学氮素利用率比较**(单位：kg/kg)

| 灌溉处理 | AW30 | AW45 | AW60 | AW75 | CW30 | CW45 | CW60 | CW75 | NW |
|---|---|---|---|---|---|---|---|---|---|
| 最佳经济效益 | 10.2 | 10.3 | 10.4 | 10.3 | 10.1 | 10.1 | 10.1 | 10.1 | 9.6 |
| SSNM | 13.6 | 13.7 | 13.8 | 13.7 | 13.4 | 13.4 | 13.4 | 13.4 | 10.0 |

### 3. 农田 N 损失量比较

各种灌排处理组合下,农田 N 损失量可以通过表 4.19 所示的施 N 量与 N 损失量动态响应关系推求,SSNM 模式和最佳经济效益模式产生的 N 损失数组如表 4.19 所示,数组中第一个数为 SSNM 模式的 N 损失量,第二个数为最佳经济效益模式的 N 损失量。各种灌排处理下,SSNM 模式比最佳经济效益模式农田 N 损失量均减少了一半多。

**表 4.19　SSNM 模式和最佳经济效益模式农田 N 损失量数组表**

| | FD | CD20 | CD30 | CD40 | CD50 |
|---|---|---|---|---|---|
| AW30 | (32.11,71.57) | (27.03,60.25) | (28.37,63.23) | (29.69,66.16) | (30.96,69.01) |
| AW45 | (33.73,76.00) | (28.73,64.72) | (30.03,67.65) | (31.31,70.55) | (32.58,73.40) |
| AW60 | (35.49,79.45) | (30.07,67.33) | (31.52,70.58) | (32.93,73.72) | (34.27,76.74) |
| AW75 | (37.09,83.15) | (31.82,71.32) | (33.21,74.45) | (34.60,77.56) | (35.92,80.51) |
| CW30 | (40.35,89.54) | (33.95,75.35) | (35.70,79.22) | (37.33,82.84) | (38.87,86.27) |
| CW45 | (41.98,93.18) | (36.19,80.33) | (37.82,83.95) | (39.29,87.20) | (40.80,90.54) |
| CW60 | (43.66,96.70) | (38.26,84.74) | (39.79,88.12) | (41.21,91.28) | (42.53,94.19) |
| CW75 | (45.19,99.79) | (39.71,87.67) | (41.29,91.17) | (42.75,94.38) | (44.04,97.25) |

综上分析,最佳经济效益模式片面追求效益最大化,大量施肥,虽一定程度上提高了效益,但同时也提高了生产成本,且降低了农学 N 素利用率,造成大量浪费,并产生了大量的农田 N 损失,对生态环境产生严重破坏作用。SSNM 模式则制定了较为合理的产量目标,经济效益虽略微降低,但其生产成本也较小,每公顷减少施纯 N 肥 120 多千克,具有较高的农学 N 素利用率和较小的农田 N 损失量,是一种节肥高产,有利于控制非点源污染,促进农业可持续发展的优良肥料管理模式。

通过以上模拟分析可知,灌溉处理为干湿交替灌溉,每次田间灌水定额设 30mm,排水处理为控制排水模式,排水深度为 20cm,施纯 N 肥量 170kg/hm² 左右时,可以达到最佳的节水节肥,高产高效,生态优良,环境健康等效果。

## 4.4　灌区水肥利用效率对节水改造的响应规律

### 4.4.1　研究思路

通过开展大区域水量平衡观测试验数据;结合灌区水量转化特征,修正 SWAT 模型;根据水平衡观测数据及调查收集的土壤、土地利用、地形、当地水源利用、气象等,采用修正的 SWAT 模型进行不同条件下的水平衡及水稻产量模拟,根据大量模拟数据,结合田间观测数据,分析不同节水改造方案(水稻节水灌溉模式、渠道防渗标准、当地水资源利用状况)对灌溉系统等大尺度水分利用率及水分生产率的影响。

研究区位于漳河灌区三干渠范围内,选择杨树垱水库集水区域为小流域尺度,该小流域面积约 42.48km²。该区域被漳河灌区的三干渠、一分干和杨树垱水库所包围,区域内农业需水由三干渠九家湾管理段和一分干杨集管理段供水,区域产流和排水流向杨树垱水库,而且该区域也是杨树垱水库的集水区(图 4.21)。主要观测资料包括:地表入流量和出流量,降水量,田间土壤储水变化量,蒸发蒸腾量,田间渗漏量,小流域尺度出流量,水稻产量。

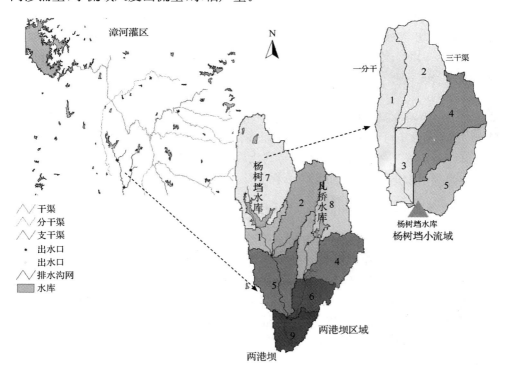

图 4.21 杨树垱小流域示范区示意图

## 4.4.2 SWAT 模型的改进内容与方法

### 1. 最大灌水量限制的修改

在原模型中,最大灌水量设定为使土体达到田持时的含水量。这种限制适用于旱作,不适用于水稻,修改后最大灌水量上限制为稻田最大蓄水深度 $H_p$。

2. 地下水埋深计算功能的增加

模型修改后毛管上升水和主沟道渗漏损失的计算需要地下水埋深这一变量。SWAT 模型地下水模块中,关于地下水的计算使用的是水位高度,而不是地下水埋深,水位高度是地下水位离不透水层的高度。而在农田水利工作中许多与地下水有关的计算,使用的都是地下水埋深。因此,增加了模型中地下水埋深的计算。地下水埋深即为不透水层距离地表的深度减去水位高度。

3. 毛管上升水(地下水对作物根区补给量)计算方法的改进

SWAT 模型计算的毛管上升水,没有参与土壤水分循环,而是直接蒸发到大气中,"散失"出系统。同时模型中毛管上升水的计算没有考虑作物因素和土壤因素的影响。因此,改进了毛管上升水的计算方法,采用茆智等提出的毛管上升水计算的经验公式:

$$CR = ET_a \cdot e^{-bd} \tag{4.19}$$

式中,$ET_a$ 为实际腾发量(mm/d);$b$ 为反映土壤输水能力的常数,经验系数,对于砂土、壤土和黏土可分别取 2.1、2.0 和 1.9;$d$ 为地下水埋深(m)。

修改后的模型将毛管上升水参与到土壤水分的循环中,从而可以反映毛管上升水对土壤水分的补给,进而反映毛管上升水对土壤蒸发和植物蒸腾的影响。

4. 灌溉渠道输配水渗漏损失计算的增加

SWAT 模型没有考虑灌区内灌溉渠道的输配水渗漏损失对水分循环的影响,本书增加了灌溉渠道输配水渗漏损失计算模块。吸收已有的灌区水量量测资料,为简化计算,不考虑渠道输配水流量大小对输配水损失率的影响,采用渠道(系)水利用系数法计算区域渠系渗漏损失,并将渗漏损失补给地下水。根据研究区域内灌溉渠道的输配水功能和渠系分布状况的不同,将其分为输水渠道(干渠、分干)和配水渠道(支渠、斗渠、农渠,为便于计算,本书将田间渠系也考虑在内),采用不同的计算公式分别计算其渗漏量。

5. 塘堰灌溉功能的增加

SWAT 模型虽然计算了塘堰的水量平衡,考虑了塘堰对区域产流的拦蓄功能,但没有考虑塘堰的灌溉功能。南方丘陵灌区内各种大中小型蓄水设施彼此连接,形成长藤结瓜灌溉系统。数量众多的塘堰平时收集雨水,增加水源;在灌溉季节,它往往也能收集灌溉回归水,提高灌溉水的重复利用率。因此,本书增加塘堰的灌溉功能。塘堰水量平衡计算按下式计算:

$$V = V_{\text{stored}} + V_{\text{flowin}} - V_{\text{flowout}} + V_{\text{pcp}} - V_{\text{evap}} - V_{\text{seep}} - V_{\text{irr}} \quad (4.20)$$

式中，$V$ 为日末塘堰容量（$\text{m}^3$）；$V_{\text{stored}}$ 为日初塘堰容量（$\text{m}^3$）；$V_{\text{flowin}}$ 为塘堰拦蓄的入流（$\text{m}^3$）；$V_{\text{flowout}}$ 为塘堰出流，即超过塘堰最大容量的水量（$\text{m}^3$）；$V_{\text{pcp}}$ 为塘堰表面接纳的降雨量（$\text{m}^3$）；$V_{\text{evap}}$ 为塘堰水面蒸发（$\text{m}^3$）；$V_{\text{seep}}$ 为塘堰渗漏损失（$\text{m}^3$）；$V_{\text{irr}}$ 为塘堰灌溉供水量（$\text{m}^3$）。

**6. 主沟道（排水沟）渗漏损失计算方法的改变**

SWAT 模型主沟道（排水沟）的渗漏模拟与自然流域中河流渗漏的计算方式一样，没有考虑地下水位对沟道渗漏损失的影响。而且沟道渗漏损失补给的是深层地下水（承压水），而不是浅层地下水（潜水）。为了使模型更适合于灌区的特点，本书采用经验法计算排水沟的渗漏损失，并考虑地下水顶托对渗漏损失的影响，而且使主沟道的渗漏损失补给潜水。

**7. 陆面水文过程计算结构的改变**

改变 SWAT 模型的陆面水文过程计算结构（图 4.22），主要是改进 SWAT 模

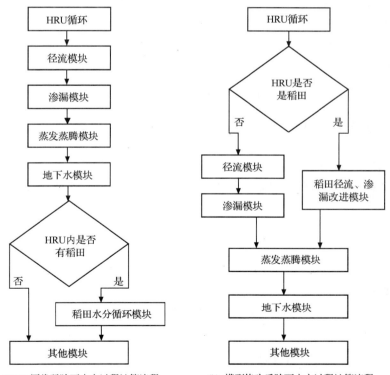

(a) SWAT原代码陆面水文过程计算流程　　　　(b) 模型修改后陆面水文过程计算流程

图 4.22　模型修改前后陆面水文过程部分模块计算顺序比较

型中稻田水分循环模块的计算顺序和计算方法,从而使稻田水量平衡的计算能够采用与旱作不同的计算方法。

SWAT 模型中,水文计算的最小单元是水文响应单元(HRU),而稻田不是一个完全意义上的计算单元。稻田水文过程的模拟采用的是类似于"pothole(蓄水体)"的方法。陆面主要水文过程的计算顺序是,地表径流~渗漏~蒸发蒸腾~地下水~水田"pothole"~塘堰等,这样的程序结构,使水田没有和 HRU 处于平等的位置,同时原模型没有体现稻田的水文过程对 HRU 水量平衡的影响。因此,本书改变了源代码陆面水文过程的计算结构。首先使水田作为一个独立的 HRU,与旱地、林地等 HRU 处于同级的地位。水田的地表径流和渗漏计算方法不同于其他 HRU,水田地表径流、排水、渗漏的计算吸收了农田水利学的研究成果,从而拓宽了 SWAT 模型的应用范围,使其适用于灌区的模拟。

### 8. 稻田表面积计算方法的改变

稻田的表面积用来计算降落在田间的降雨量和蒸发、渗漏引起的田间水层损失。在 SWAT 模型的源程序中,只有当水田的蓄水量大于 0 时,才能根据蓄水量大小计算表面积,并且稻田田块被假定为锥形的。然而,在研究区域,这种假定是不合理的。即使稻田蓄水为零,田块的表面积也是实际存在的,同样可以接纳降雨量。因此,本文删掉了稻田接纳降雨的限制条件,改进了稻田表面积的计算方法,去掉了稻田为锥形的假设。

### 9. 稻田有效降雨计算方法的改进

大尺度水分循环研究中,需要借助于遥感影像来获取稻田等土地利用方式的空间分布。由于精度问题,遥感图片未能分辨水稻田中渠道、道路以及田埂(为方便起见,以下通称田埂)的存在。为了反映田埂对水分循环的影响,本文根据典型区调查资料分析,取研究区域中的田埂面积占总面积的 15% 左右,改进了稻田有效降雨的计算方法。

### 10. 稻田水平渗漏计算的增加

SWAT 模型没有考虑稻田的水平渗漏和田埂渗漏。修改后的模型中,当稻田土层含水量大于田间持水量时,产生水平渗漏,水平渗漏是土层含水量、田面坡度、导水率的函数,参考田间回归水的数值模拟结果,田埂渗漏的计算采用的是考虑蓄水深度大小的经验公式,假设田埂渗漏占田间水层的 5%。

### 11. 稻田渗漏计算方法的改变

为了更准确地反映有犁底层存在情况的稻田渗漏特点,改进了稻田渗漏的计算方法。SWAT 模型中,水田蓄水层的渗漏量损失是蓄水层下层土体(第一层土壤)导水率、土体含水量的函数。此计算方法不能反映稻田渗漏的复杂情况,而且会使稻田渗漏量的计算结果偏大。模型修改后,采用不同的方法计算稻田无水层时的自由排水通量和有水层时的稻田渗漏量:①生育期内无水层时稻田自由排水通量的计算,考虑各土层的土壤含水量、导水率,采用蓄满产流机制计算。②有水层时的稻田渗漏量受稻田土质、地下水位、稻田水深及田间管理措施等因素的影响,其值的变化在水稻生育期内较为复杂。为简化渗漏量计算,根据稻田渗漏观测资料并参考漳河灌区土壤类型、水文地质等条件,取生育期内日最大加权平均渗漏强度为 2mm/d。

SWAT 模型源代码中,水田渗漏量作为土壤水分的补给量,没有考虑渗漏量对地下水的补给。在模型修改中,添加了稻田渗漏对地下水的补给作用。

**12. 稻田蒸发蒸腾量计算方法的改进**

SWAT 的源程序中,稻田蒸发蒸腾的计算方法与非灌溉地的计算方法一样,而且设置了最大蒸发与最大蒸腾之和($ET_{max}$)不大于参考作物腾发量 $ET_0$ 的限制条件,根据农田水利及水稻节水灌溉的研究成果,稻田的蒸发蒸腾存在大于 $ET_0$ 的情况。因此,改进了稻田蒸发蒸腾的计算方法,删掉了稻田蒸发蒸腾小于 $ET_0$ 的限制条件。

**13. 稻田最大蓄水深度参数设置的改变**

SWAT 模型中,水田最大蓄水量的模拟采用的是近似于水体蓄水的方法,而且最大蓄水量(蓄水深度)是不变的。这种处理难以体现水稻生育期内不同时期的蓄水深度存在变化的特点。根据漳河灌区团林灌溉试验站提供的试验结果,确定了研究区域水稻不同生育阶段合理的最大蓄水深度。水稻各生育阶段的最大蓄水深度作为稻田排水的限制条件。水稻生育期内,当降雨量(灌溉量、或降雨+灌溉量)大于允许的最大蓄水深度时,多余水量形成田间排水。

**14. 稻减产量与腾发量亏缺量之关系的改进**

SWAT 模型考虑了水分胁迫对作物产量的影响,但模型假设减产量与腾发量亏缺量是"等效"的,也就是说减产系数为 1.0,即

$$1 - \frac{Y}{Y_m} = 1 - \frac{ET}{ET_m} \tag{4.21}$$

式中,$Y$、$Y_m$ 为受旱、充分供水时的产量($kg/hm^2$);$ET$、$ET_m$ 为受旱及充分供水时全生育期腾发量(mm)。

修改后的模型中水稻减产量与腾发量亏缺量的关系按式(4.22)计算:

$$1 - \frac{Y}{Y_m} = 0.0084 e^{1.1416\overline{ET_0}} \left(1 - \frac{ET}{ET_m}\right) \qquad (4.22)$$

式中，$\overline{ET_0}$ 为水稻生育期内日平均 $ET_0$ 值(mm)。

### 4.4.3　灌区水肥利用效率数值模拟成果分析

(1) 在田间灌溉模式中，雨后适当增加稻田最大蓄水深度(即改变灌溉模式)可以减少出流水量损失，使更多的降雨和灌水补给并转化为土壤水，满足水稻的蒸发蒸腾耗水。间歇灌溉虽然可以减少灌溉供水量，但对于南方水稻灌区，提高降雨的有效利用率是节水的重要内容之一，因此，无论采用何种水稻节水灌溉模式，在不影响水稻正常生长的前提下，雨后适当增加蓄水深度是节水的首要措施。

(2) 现状条件下适当减少渠道供水量不会导致水稻产量明显降低，但通过减少渠道灌溉水的投入，从而提高灌溉水分生产率。

(3) 提高塘堰汇集回归水能力后，塘堰可供水量增加，因此，此时减少渠道供水量不会导致小流域的水稻明显减产。即通过灌区内部塘堰等水资源利用效率的提高，从而减少骨干水源的灌溉供水，是节水的措施之一。

(4) 输水、配水渠道水利用系数增减 5% 对灌区水量平衡评价指标没有显著的影响。这表明，渠道防渗的节水效果不太显著。分析原因：由于漳河灌区是一个典型的"长藤结瓜"灌溉系统，且管理水平较高，地形条件有利于水的重复利用，渠道渗漏的"损失"有很大一部分在灌区内部被小型塘堰、水库以及排水沟网等系统收集并重新利用，因而"损失"并不是真正意义上的可节约水量。显然，如果漳河灌区投入大量资金进行渠道全面防渗并不能达到想象的节水效果。

(5) 灌溉水分生产率随尺度的增大而增加，证明尺度愈大对回归水的重复利用率愈高。表明节水改造方案实施，在不同的尺度上获得的节水效果不同，应针对不同的尺度及目的，采用相应的节水改造措施。

## 4.5　小　　结

通过室内和田间试验及数值模拟，研究了水稻的水肥耦合效应与机理，不同灌溉处理及施肥水平对农田 N 损失量的动态的影响，提出了可以达到最佳的节水节肥，高产高效，生态优良，环境健康等效果的水肥管理模式。以 SWAT 模型为基础，构建了适合南方灌区水量转化及作物产量模拟的改进 SWAT 模型；采用改进后的 SWAT 模型分析评价了不同节水改造方案下节水实施效果。主要结论如下：

(1) 室内及田间水稻水肥耦合试验表明，节水灌溉导致产量小幅下降，但间歇灌溉方式减产幅度不大(仅减少 3.3%)；节水灌溉措施在减少灌溉水量上有很大作用，因此尽管产量会有所降低，但灌溉水分生产率均得到了显著提高。产量随施氮水平增加而增加,且随施肥次数增加产量有增加趋势。间歇灌溉条件下水分生产率为 $1.32\sim 2.62kg/m^3$,而淹灌条件下的水分生产率则只有 $1.06\sim 2.08kg/m^3$,平均水平上,间歇灌溉比淹灌高 18%。所有施氮水平的间歇灌溉模式灌溉水分生产率均显著高于淹灌,而且间歇灌溉模式表观氮素回收率高于淹灌浅灌深蓄模式。

（2）采用水稻生产模型 ORYZA2000 以及田间尺度水文模型 DRAINMOD 6.0 模拟了不同灌溉处理及施肥水平对农田 N 损失量的动态的影响,结果表明干湿交替灌溉模式与淹灌模式相比可以减少排水量。当灌溉处理相同时,随着氮肥用量的增加,水稻年均产量呈上升的趋势,但上升的幅度逐渐减小,当纯氮用量增加到一定范围后,水稻产量不再增加,反而有减少的趋势。干湿交替灌溉处理比淹灌处理可减少 N 损失 26.97%～30.02%。控制排水可以减少稻田的 N 损失,其他处理相同时,控制排水深度为 20cm 时比自由排水时可减少 N 损失 12.15%～15.85%。综合上述模拟结果分析可以得到,灌溉处理为干湿交替灌溉,每次田间灌水定额设 30mm,排水处理为控制排水模式,排水深度为 20cm,施纯 N 肥量 $170kg/hm^2$ 左右时,可以达到最佳的节水节肥,高产高效,生态优良,环境健康等效果。

（3）针对我国南方丘陵灌区水文特点,改进了 SWAT 模型的灌溉水运动模块,增添和改进了稻田水分循环模块及稻田水量平衡各要素和产量模拟的计算方法,改变了陆面水文过程的计算结构（稻田蓄水对水文过程的影响）,增加了渠系渗漏模拟模块及其对地下水的补给作用,增加了塘堰的灌溉模块等。在此基础上,构建了适合我国南方灌区水量转化及作物产量模拟的改进 SWAT 模型。结合典型灌区进行灌区内小流域和区域尺度的水平衡模拟,定量地分析了不同水管理措施对灌区小流域尺度水量平衡评价指标的影响规律,以及不同尺度间水量平衡评价指标的变化特点。模拟结果表明,在田间灌溉模式中,适当增加稻田最大蓄水深度（即改变灌溉模式）可以减少出流水量损失,灌溉水分生产率随尺度的增大而增加,证明尺度愈大对回归水的重复利用率愈高。

## 参 考 文 献

[1]　国家环境保护总局《水和废水监测分析方法》编委会 . 水和废水监测分析方法（第四版）（增补版）. 北京:中国环境科学出版社,2002.

[2]　李远华 . 节水灌溉理论与技术. 武汉:武汉水利电力大学出版社,1999:1—7.

[3]　李仁岗. 肥料效应函数 . 北京:中国农业出版社,1987.

[4]　Bouman B A M,Laar H A. ORYZA 2000:Modelling lowland rice. Philippines:International Rice Research Institute(IRRI)2003.

[5]　Bouman B A M,Kropff M J,Woppereis M C S,et al. ORYZA 2000: Modeling lowland rice. Los Baños (Philippines): International Rice Research Institute,and Wageningen University and Research Centre,2001:3—22.

［6］　Bouman B A M, van Laar H H. Description and evaluation of the rice growth model ORY-ZA2000 under nitrogen-limited conditions. Agricultural Systems,2006,(3):249—273.

［7］　Skaggs R W. A water management model for shallow water table soils. Water Resource Research Institute,University of North Carolina,Raleigh,NC,178,1978.

［8］　李亚龙. 水氮联合限制条件下对水稻生产模型 ORYZA 2000 的验证与评价. 灌溉排水学报,2005,(2):28—32.

［9］　Witt C,Dobermann A,Abdulrachman S. Internal nutrient efficiencies of irrigated lowland rice in tropical and subtropical Asia. Field Crops Res,1999,63:113—138.

［10］　Wang G H,Dobermann A,Witt C. Analysis on the indigenous nutrient supply capacity of rice soils in Jinhua,Zhejiang province. Chinese J Rice Sci,2001,15:201—205.

［11］　王光火. 提高水稻氮肥利用率、控制氮肥污染的新途径——SSNM. 浙江大学学报(农业与生命科学版),2003,29(1):67—70.

［12］　吕国安,李远华,沙宗尧. 节水灌溉对水稻磷素营养的影响. 灌溉排水,2000,19(4):10—12.

# 第 5 章　灌区节水改造环境效应的评价方法

灌区节水改造环境效应主要指节水改造对灌区水环境、土环境、工程系统、植被与生物多样性以及人的意识等方面的影响。灌区节水改造环境效应评价包括关键影响因子的筛选、评价指标体系的构建、评价方法的确定、评价系统的开发和典型灌区节水改造环境效应的综合评价。本研究的目的是构建科学合理的灌区节水改造环境影响评价方法和指标体系，着重解决灌区节水改造所面临的三大问题：①灌区节水改造对环境有何影响，具体反应到那些影响因子上？如何选出灌区节水改造环境效应关键因子，构建评价指标体系？②如何构建合理的灌区节水改造环境效应评价方法和模型？如何将现代测试与信息技术（如 3S 技术等）应用到环境因子数据的监测和采集以及环境效应的计算和评价上？③如何将灌区节水改造环境效应评价指标体系和评价方法进行整合，开发通用的评价信息管理系统？

针对上述问题，在以下三方面开展了研究：①灌区节水改造环境影响评价指标体系和评价方法。②基于"3S"技术和水平衡模拟的环境信息采集方法。③开放式的灌区节水改造环境效应综合评价系统。将上述三方面的研究成果用于华北和西北地区典型灌区的环境效应评价，为分析灌区节水改造环境影响提供了科学依据和技术方法。

## 5.1　灌区节水改造环境效应评价方法与评价指标的选取

灌区节水改造环境效应是涉及灌区水土环境、灌溉工程、灌区植被与生物多样性以及人的节水环保意识等多方面的综合效应，对其评价属于多目标的综合评价问题，因此，评价方法采用多目标综合评价方法。

### 5.1.1　多指标综合评价方法的对比与选择

多指标综合评价又称为多变量综合评估，它是对复杂系统进行多指标定量评价和比较的方法[1]。传统的多指标综合评价方法有打分综合法、排队综合法、综合指数法、功效系数法等。目前常用的主要方法有主成分分析法、因素分析法、熵值法、模糊评价法、灰色关联分析评价法、层次分析评价法等[2,3]。

#### 1. 多属性效益法

多属性效益法是利用决策者的偏好信息，构造一个价值函数，依此将决策者的偏好量化,然后根据各个方案的价值函数进行评价和排序,从而找出带决策者偏好的优化结果。此法假设条件较多,并受决策者主观偏好的影响,因而应用较少。

### 2. 字典序数法

首先是决策者对目标的重要性分等级,然后用最重要目标对备选方案进行筛选,保留满足此目标的那些方案,再用次重要目标对已筛选方案进行再次筛选。如此重复进行,直至剩下最后一个方案,这个方案便是满足多个目标的最佳方案。

### 3. 模糊决策法

模糊决策法是通过对备选方案和评价指标之间构造模糊评价矩阵,来进行方案优选的方法。模糊决策方法正成为决策领域中一种很实用的工具。

### 4. 德尔菲法

德尔菲法依据系统的程序,采用匿名发表意见的方式,即专家之间不得互相讨论,不发生横向联系,只能与调查人员发生关系。通过多轮次调查专家对问卷所提问题的看法,经过反复征询、归纳、修改,最后汇总成基本一致的看法,作为方案预测的结果,也即是最佳方案。这种方法具有广泛的代表性,较为可靠。

上述综合评价方法繁简不同,但都能得到综合评价总分值,达到对总体定量评价和分析的目的。灌区节水改造环境效应综合评价涉及众多因素,从评价体系的构建来看,划分为目标层、准则层和指标层三个层次,涉及水环境、土环境、灌区工程状况、灌区小气候、灌区植被与生物多样性以及节水环保意识等五大方面的综合效应评价。在这些因素指标中,尤其是反映植被与生物多样性和环保节水意识等指标非常复杂,对这些因素进行准确的定量化描述比较困难,必须要借助于专家长期积累的专业知识和经验。采用层次分析法可以较好地解决这一问题。层次分析法(analytic hierarchy process,AHP)是美国运筹学家 Saaty 于 20 世纪 70 年代提出的一种将定性和定量分析结合的多目标决策方法。层次分析法可以对专家的经验判断进行量化,用数值衡量方案差异,使决策者对复杂对象的决策思维过程条理化。该方法特别适用于对目标结构复杂且缺乏必要数据的多目标、多准则的系统进行分析评价。

## 5.1.2 层次分析法的基本理论和分析步骤

利用层次分析法进行多指标综合分析的基本计算公式为

$$R = \sum_{i=1}^{l} W_i \left\{ \sum_{j=1}^{m} w_{ij} \cdot \left[ \sum_{k=1}^{n} (\omega_{ijk} A_{ijk}) \right] \right\} \tag{5.1}$$

式中,$R$ 为综合评价指标;$W_i$ 为准则层内第 $i$ 类属性的权重;$l$ 为准则层内的属性个数;$w_{ij}$ 为亚准则层内归于第 $i$ 类属性的第 $j$ 类元素的权重;$m$ 为亚准则层内归于第 $i$ 类属性的第 $j$ 类元素个数;$\omega_{ijk}$ 为指标层内归于第 $i$ 类属性和第 $j$ 类元素的第 $k$ 个指标的权重;$n$ 为指标层内归于第 $i$ 类属性和第 $j$ 类元素的指标个数;$A_{ijk}$ 为归于第 $i$ 类属性和第 $j$ 类元素的第 $k$ 个指标的标准化数值。

层次分析法主要有以下 4 个步骤:

(1) 构建层次模型,确立系统的递阶层次关系。应用 AHP 分析决策问题时,首先要把问题条理化、层次化,构造出一个有层次的结构模型。在这个模型下,复杂问题被分解为元素的组成部分,这些元素又按其属性及关系形成若干层次,上一层次的元素作为准则对下一层次有关元素起支配作用。根据具体问题,一般将评价系统分为目标层、准则层和指标层,更复杂的系统可以划分为总目标层、子目标层、准则层(准则亚层)和指标层等。

(2) 构造判断矩阵,判断指标相对权重。对同一层次的各个元素关于上一层次中的某一准则的重要性进行两两比较,构造判断矩阵。判断矩阵的构造是多目标决策层次分析法的关键,它直接反映了以决策人立场审视各决策准则对同一目标的相对重要性,判断矩阵构造是否科学、实际和准确直接决定了决策的可靠性和准确性。所构造的判断矩阵为 $T$,其标度原则如表 5.1 所示。

$$T = \begin{vmatrix} 1 & t_{12} & t_{13} & \cdots & t_{1n} \\ 1/t_{12} & 1 & t_{23} & \cdots & t_{2n} \\ 1/t_{13} & 1/t_{23} & 1 & \cdots & t_{3n} \\ \vdots & \vdots & \vdots & \vdots & \vdots \\ 1/t_{1n} & 1/t_{2n} & 1/t_{3n} & \cdots & 1 \end{vmatrix} \qquad (5.2)$$

表 5.1　层次分析法判断矩阵的标度原则

| 标度 $t_{ji}$ | 含义 |
|---|---|
| 1 | $i$ 指标与 $j$ 指标同样重要 |
| 3 | $i$ 指标比 $j$ 指标稍重要 |
| 5 | $i$ 指标比 $j$ 指标明显重要 |
| 7 | $i$ 指标比 $j$ 指标非常重要 |
| 9 | $i$ 指标比 $j$ 指标绝对重要 |
| 2,4,6,8 | 为以上两个判断之间的中间状态对应的标度值 |
| 倒数 | 若 $j$ 指标与 $i$ 指标,其标度值 $t_{ji} = 1/t_{ij}, t_{ii} = 1$ |

(3) 层次单排序及一致性检验。求解判断矩阵 $T$ 的最大特征值 $\lambda_{max}$ 和特征向量 $W$,经归一化后即为同一层次相应因素对于上一层次某因素相对重要性的排序权值,这一过程称为层次单排序。

构造判断矩阵 $T$ 的办法虽能减少其他因素的干扰,较客观地反映一对因子影响力的差别。但综合全部比较结果时,其中难免包含一定程度的非一致性。如果比较结果是前后完全一致的,则矩阵 $T$ 的元素还应当满足:

$$t_{ij} \cdot t_{jk} = t_{ik}, \quad \forall i, j, k = 1, 2, \cdots, n \tag{5.3}$$

需要检验构造出来的判断矩阵 $T$ 是否严重地非一致,以便确定是否接受。对判断矩阵的一致性检验的步骤如下:

① 计算一致性指标 CI:

$$CI = \frac{\lambda_{\max} - n}{n - 1} \tag{5.4}$$

式中,CI 为一致性指标;$\lambda_{\max}$ 为最大特征根;$n$ 为该层内的指标数。

② 查找相应的平均随机一致性指标 RI。对 $n = 1, 2, \cdots, 9$,Saaty 给出了 RI 的值,如表 5.2 所示。

**表 5.2　$n$ 对应的 RI 值**

| $n$ | 1 | 2 | 3 | 4 | 5 | 6 | 7 | 8 |
|---|---|---|---|---|---|---|---|---|
| RI | 0 | 0 | 0.58 | 0.9 | 1.12 | 1.32 | 1.41 | 1.45 |

③ 计算一致性比例 CR:

$$CR = \frac{CI}{RI} \tag{5.5}$$

式中,CR 为一致性比例;RI 为平均随机一致性指标。

当 CR < 0.10 时,认为判断矩阵的一致性是可以接受的,否则应对判断矩阵作适当修正。

(4)层次总排序及一致性检验。检验仍像层次单排序那样由高层到低层逐层进行。虽然各层次均已经过层次单排序的一致性检验,各成对比较判断矩阵都已具有较为满意的一致性。但当综合考察时,各层次的非一致性仍有可能积累起来,引起最终分析结果较严重的非一致性。设上一层次($A$ 层)包含 $A_1, \cdots, A_m$ 共 $m$ 个因素,它们的层次总排序权重分别为 $a_1, \cdots, a_m$。又设其后的下一层次($B$ 层)包含 $n$ 个因素 $B_1, \cdots, B_n$,它们关于 $A_j$ 的层次单排序权重分别为 $b_{1j}, \cdots, b_{nj}$(当 $B_i$ 与 $A_j$ 无关联时,$b_{ij} = 0$)。现求 $B$ 层中各因素关于总目标的权重,即求 $B$ 层各因素的层次总排序权重 $b_1, \cdots, b_n$,计算按下列方式进行:

$$b_i = \sum_{j=1}^{m} b_{ij} a_j, \quad i = 1, \cdots, n \tag{5.6}$$

设 $B$ 层中与 $A_j$ 相关的因素的成对比较判断矩阵在单排序中经一致性检验,求得单排序一致性指标为 $CI(j)$,$(j = 1, \cdots, m)$,相应的平均随机一致性指标为 $RI(j)$($CI(j)$、$RI(j)$ 已在层次单排序时求得),则 $B$ 层总排序随机一致性比例为

$$CR = \frac{\sum_{j=1}^{m} CI(j)a_j}{\sum_{j=1}^{m} RI(j)a_j} \qquad (5.7)$$

当 CR<0.10 时,认为层次总排序结果具有较满意的一致性并接受该分析结果。

### 5.1.3 评价指标体系构建

#### 1. 评价指标体系构建的指导原则

指标是评价的基本尺度和衡量标准,建立评价指标体系是评价工作的依据和基础,指标体系是否科学、合理,直接关系到评价结果是否真实、客观。构建灌区节水改造环境效应评价指标体系应该遵守以下的原则:

(1)科学性原则:所选指标应概念明确,能够较好地反映灌区节水改造环境效应特点和结构关系,并能较好地度量各种效应,指标的计算应有相应的科学原理支撑,并具有一致性和可比性;指标选择和计算应客观,避免人为因素的干扰,以保证评价结果的公正、合理。

(2)可操作性原则:指标的选择、计算和评价应具有实际可操作性。所选指标应易于获取相关计算数据;指标具有可测性和可比性,易于量化,同时避免指标体系过于繁杂。

(3)针对性原则:选择的评价指标应与灌区节水改造密切相关,针对确实对灌区环境产生影响的因素进行评价。

(4)一致性原则:综合评价结果以数值形式表现,因此评价指标应具有一致性。对于变化趋势不同的指标,应对其进行一致性处理,使其变化趋势与评价结果变化趋势相同。

(5)层次性原则。灌区节水改造的环境效应包括多个方面,每个方面的衡量指标不同。不同层次指标的综合评价最终形成一个综合指标。因此,指标体系的设立必须紧紧围绕着这一目的层层展开,使最后的评价结果能够正确反映评价对象的实际状况。

#### 2. 灌区节水改造环境效应评价指标体系

目前对灌区节水改造综合效应评价指标的选取上大多考虑经济、社会、生态等方面,本研究通过对各方面因素的综合分析,从灌区节水改造后所产生的环境效应出发,提出灌区环境效应包括灌区水环境、农田土环境、灌溉系统效率、灌区生态环境和节水与环保意识 5 个方面(图 5.1),共筛选出 18 个指标,如表 5.3 所示。

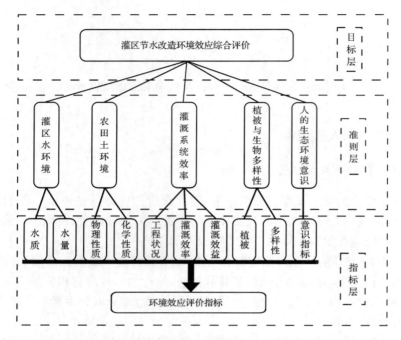

图 5.1　灌区节水改造环境效应评价指标体系

**表 5.3　灌区节水改造环境效应评价指标**

| 目标层 | 准则层 | 亚准则层 | 指标 |
|---|---|---|---|
| 灌区节水改造环境效应 | 灌区水环境 | 水量 | 地表水引水比<br>地下水开采比<br>地下水埋深适宜度<br>有效耗水系数 |
| | | 水质 | 水质综合指数 |
| | 农田土环境 | 物理性质 | 土壤等级质量指数<br>侵蚀模数 |
| | | 化学性质 | 土壤肥力指数<br>土壤盐渍化率 |
| | 灌溉系统效率 | 工程状况 | 工程完好率<br>节灌率 |
| | | 灌溉效率 | 灌溉水利用系数 |
| | | 灌溉效益 | 水分生产效率<br>万元农业产值耗水量 |
| | 灌区生态环境 | | 生物多样性丰度<br>植被覆盖率 |
| | 节水与环保意识 | | 节水意识<br>环保意识 |

### 5.1.4　评价指标计算方法及其阈值

1. 水环境指标

灌区水环境评价指标指灌区进行节水改造后可能对灌区的地表水和地下水产生的影响,包括水量和水质两个方面。

1) 地表水引水比

灌区的地表水引水比指灌区通过灌溉渠系从地表水源中引取的地表水量占该灌区地表径流总量之比。该指标主要反应灌区取用地表水的程度,间接反映灌区保留生态用水的程度。地表水引水比计算公式如下:

$$\rho_{引地表} = \frac{Q_{引地表}}{Q_{地表}} \tag{5.8}$$

式中, $\rho_{引地表}$ 为地表水引水比; $Q_{引地表}$ 为灌区引取的地表水量; $Q_{地表}$ 为灌区地表径流总量。

地表水引水比的阈值区间如表 5.4 所示。

表 5.4　地表水引水比分级标准

| 等　级 | 优 | 良 | 中 | 差 |
|---|---|---|---|---|
| 指标值 | <0.2 | 0.2~0.4 | 0.4~0.8 | >0.8 |

2) 地下水开采比

地下水开采比指灌区通过机井开采的地下水与灌区内地下水补给总量之比。该指标主要反应灌区对地下水的开采程度,间接反映地下水的环境效应。地下水开采比计算公式如下:

$$\rho_{引地下} = \frac{Q_{引地下}}{Q_{地下}} \tag{5.9}$$

式中, $\rho_{引地下}$ 为地下水开采比; $Q_{引地下}$ 为灌区开采的地下水量; $Q_{地下}$ 为灌区内地下水补给总量。

地下水开采比的阈值区间如表 5.5 所示。

表 5.5　地下水开采比分级标准

| 等　级 | 优 | 良 | 中 | 差 |
|---|---|---|---|---|
| 指标值 | <0.2 | 0.2~0.4 | 0.4~0.8 | >0.8 |

3) 地下水埋深适宜度

地下水埋深适宜度指灌区地下水埋深的适宜性,主要反应灌区地下水利用的合理程度。计算公式如下:

$$R_{WT} = \left| \frac{h_t - h_0}{h_0} \right| \tag{5.10}$$

式中，$R_{WT}$ 为地下水位埋深适宜度；$h_t$ 为评价年内地下水位平均埋深；$h_0$ 为灌区适宜的地下水埋深。

地下水埋深适宜度分级标准如表 5.6 所示。

**表 5.6    地下水埋深适宜度分级标准**

| 等级 | 优 | 良 | 中 | 差 |
|------|------|--------|--------|------|
| 指标值 | <0.2 | 0.2～0.4 | 0.4～2 | >2 |

4）有益耗水系数

有益耗水系数指灌区内有益消耗水量与总耗水量之比。有益消耗指能够产生效益的消耗，包括产生农产品消耗，改善生态环境的耗水等。总耗水量除了包括有益消耗外，还包括被排出或被污染后不能再利用的部分。有益耗水系数反应灌区利用水资源的有效性。有益耗水系数计算公式如下：

$$\rho_B = \frac{ET_B}{ET_T} \tag{5.11}$$

式中，$\rho_B$ 为有益耗水系数；$ET_B$ 为有益消耗水量；$ET_T$ 为总消耗水量。

有益耗水系数分级标准如表 5.7 所示。

**表 5.7    有益耗水系数分级标准**

| 等级 | 差 | 中 | 良 | 优 |
|------|------|--------|--------|--------|
| 指标值 | <0.4 | 0.4～0.6 | 0.6～0.8 | 0.8～0.1 |

5）水质综合指数

水质综合指数是将常规监测的影响水质的几种污染物浓度简化为单一的概念性指数值，用以表示水污染程度。在灌区节水改造环境效应评价中包括地表水和地下水污染指数两种。用以评价灌区节水改造是否对水质状况产生影响。水质综合指数的计算方法是将主要污染物监测浓度与限制浓度的比值进行加权，得出污染指数，即

$$PI_{总} = \sum_{i=1}^{n} \left( W_i \frac{C_i}{B_i} \right) \tag{5.12}$$

式中，$PI_{总}$ 为水质综合指数；$i$ 为第 $i$ 种污染物；$n$ 为污染物总类；$W_i$ 为第 $i$ 种污染物的权重；$C_i$ 为第 $i$ 种污染物的浓度监测值；$B_i$ 为第 $i$ 种污染物的浓度限值。

在实际计算中，$B$ 值采用地表水质分级标准中第Ⅲ类水质标准数据，因为灌溉水质标准为不高于Ⅲ类水。根据水质标准计算出来的水质综合指数指标判断阈值区间如表 5.8 所示。

**表 5.8　水质综合指数分级标准**

| 等级 | Ⅰ类 | Ⅱ类 | Ⅲ类 | Ⅳ类 | Ⅴ类 |
|---|---|---|---|---|---|
| 指标值 | <0.32 | 0.32～49 | 0.49～1 | 1～4.35 | >4.35 |

### 2. 农田土环境指标

农田土环境方面的评价指标主要指灌区进行节水改造后可能对灌区农田的土壤肥力、土地盐渍化、土壤侵蚀等方面的影响。

#### 1) 土壤等级质量指数

根据《土壤质量环境标准》(GB 15618—1995) 土壤分为三个等级标准。土壤等级质量指数就是将灌区内土壤按照面积加权,计算出综合指数,以反映灌区的土壤等级质量。其计算方法为

$$ETS = \sum \left( \frac{ST_i \cdot a_i}{S} \right) \tag{5.13}$$

式中,ETS 为土壤等级质量指数;$a_i$ 为第 $i$ 等级土壤的质量数,一等土壤质量数为 1,二等土壤质量数为 2/3,三等土壤质量数为 1/3,四等土壤质量数为 0;$ST_i$ 表示 $i$ 等土壤地的面积;$S$ 表示灌区的耕地总面积。土壤质量等级指数的阈值区间如表 5.9 所示。

**表 5.9　土壤质量等级指数分级标准**

| 等级 | 差 | 中 | 良 | 优 |
|---|---|---|---|---|
| 指标值 | <0.3 | 0.3～0.6 | 0.6～0.8 | 0.8～1 |

#### 2) 侵蚀模数

侵蚀模数指单位面积、单位时间内的土壤侵蚀量,是衡量土壤侵蚀程度的指标,计算公式如下:

$$\gamma = \frac{S_d}{A} \tag{5.14}$$

式中,$\gamma$ 为土壤侵蚀模数;$S_d$ 为土壤侵蚀面积;$A$ 为评价区域土地面积。

侵蚀模数阈值区间如表 5.10 所示。

**表 5.10　侵蚀模数分级标准**

| 等级 | 优 | 良 | 中 | 差 |
|---|---|---|---|---|
| 指标值 | <0.1 | 0.1～0.2 | 0.2～0.3 | >0.3 |

#### 3) 土壤肥力指数

土壤肥力指数由土壤养分等级标准表示。土壤养分指由土壤提供的植物必需的营养元素,它是土壤肥力的重要物质基础。土壤肥力指数表示方法参照我国第

二次土壤普查制定的耕地土壤养分分级标准，如表 5.11 所示。

表 5.11　土壤肥料指数分级标准

| 等级 | 一级 | 二级 | 三级 | 四级 | 五级 | 六级 |
|---|---|---|---|---|---|---|
| 有机质/(g/kg) | >40 | 40~30 | 30~20 | 20~10 | 10~6 | <6 |
| 全氮/(g/kg) | >2 | 2~1.5 | 1.5~1.0 | 1.0~0.75 | 0.75~0.5 | <0.5 |
| 碱解氮/(mg/kg) | >150 | 150~120 | 120~90 | 90~60 | 60~30 | <30 |
| 速效磷/(mg/kg) | >40 | 40~20 | 20~10 | 10~5 | 5~3 | <3 |
| 速效钾/(mg/kg) | >200 | 200~150 | 150~100 | 100~50 | 50~30 | <30 |

　　4) 土壤盐渍化率

　　土壤盐渍化指易溶性盐分在土壤表层积累的现象或过程，也称盐碱化。土壤盐渍化率是评价灌区节水改造后土壤含盐量的变化程度的指标。土壤盐渍化率由土壤含盐量及其面积比例两个指标表示。土壤盐渍化率评价阈值区间如表 5.12 所示。

表 5.12　土壤盐渍化率分级标准

| 等级 | | 优 | 良 | 中 | 差 |
|---|---|---|---|---|---|
| 土壤含盐量/% | 半干旱区 | <0.2 | 0.2~0.6 | 0.6~1.0 | >1.0 |
| | 干旱区 | <0.5 | 0.5~1.0 | 1.0~2.0 | >2.0 |
| 盐渍化土地所占面积比/% | | <10 | 10~30 | 30~50 | >50 |

### 3. 灌溉系统效率

　　1) 工程完好率

　　工程完好率指灌溉工程及配套设施处于良好工作状态的数量占总工程数量的百分率。其作用是反应灌区各类灌溉工程能够保持正常运作，并发挥工程效益的程度。工程完好率评价指标阈值区间如表 5.13 所示。

表 5.13　工程完好率分级标准

| 等级 | 差 | 中 | 良 | 优 |
|---|---|---|---|---|
| 指标值 | <0.4 | 0.4~0.6 | 0.6~0.8 | 0.8~1 |

　　2) 节水灌溉率

　　节水灌溉率(简称节灌率)指采用渠道衬砌、管道输水、喷灌、滴灌以及其他节水灌溉技术措施实施面积与有效灌溉面积的比值。节灌率是衡量节水灌溉水平的指标。节灌率评价指标阈值区间如表 5.14 所示。

表 5.14　节灌率分级标准

| 等级 | 差 | 中 | 良 | 优 |
|---|---|---|---|---|
| 指标值/% | <10 | 10~30 | 30~60 | 60~100 |

3）灌溉水有效利用系数

灌溉水有效利用系数是作物全生育期净灌溉水量与总引水量之比,或综合净灌溉定额与毛灌溉定额之比。灌溉水有效利用系数是评价灌溉系统(包括输水、配水和灌水系统)整体的有效性的指标,用于衡量从水源引入的水量经过输水、配水和灌水过程后有多少被作物有效利用。灌溉水有效利用系数计算方法如下:

$$\eta_{灌} = \frac{\sum_{i=1}^{m} I_{净i} \cdot A_i}{Q_{总}} \tag{5.15}$$

或

$$\eta_{灌} = \frac{I_{净综}}{I_{毛}} \tag{5.16}$$

或

$$\eta_{灌} = \eta_{田} \cdot \eta_{渠系} \tag{5.17}$$

上述式中,$\eta_{灌}$ 为灌溉水有效利用系数;$m$ 为灌区内作物种类数;$I_{净i}$ 为第 $i$ 种作物的田间净灌溉需水量($m^3$/亩);$A_i$ 为第 $i$ 种作物的灌溉面积(亩);$Q_{总}$ 为总引水量($m^3$)。

灌溉水有效利用系数阈值区间如表 5.15 所示。

表 5.15　灌溉水有效利用系数分级标准

| 等级 | 差 | 中 | 良 | 优 |
|---|---|---|---|---|
| 指标值 | <0.3 | 0.3~0.45 | 0.45~0.6 | >0.6 |

4）水分生产效率

水分生产效率指单位面积上的作物产量与全生育期总耗水量之比。总耗水量包括灌溉水量、有效降雨量、地下潜水毛管上升对根区土壤的补给水量和根区土壤蓄水的减少量。计量单位为 $kg/m^3$ 或 $kg/mm$ 亩。其主要作用是反应作物对水的有效利用程度,是衡量一个地区农业用水是否高效的主要指标。计算方法为

$$WUE = \frac{Y}{I_{净} + P_e + G_c + \Delta W} \tag{5.18}$$

或

$$WUE = \frac{Y}{ET_a} \tag{5.19}$$

式中,WUE 为某种作物的农田水分生产效率($kg/m^3$);$Y$ 为某种作物的产量

(kg/亩)；$I_{净}$ 为某种作物的田间净灌溉水量($m^3$/亩)；$P_e$ 为作物生育期的有效降雨量($m^3$/亩)；$G_e$ 为作物生育期地下潜水毛管上升对根区土壤的补给水量($m^3$/亩)；$W$ 为作物播种与收获时根区土壤蓄水量之差($m^3$/亩)；$ET_a$ 为作物实际蒸腾蒸发量(耗水量)($m^3$/亩)。

水分生产效率评价指标阈值区间如表 5.16 所示。

**表 5.16　水分生产效率分级标准**

| 等　级 | 差 | 中 | 良 | 优 |
|---|---|---|---|---|
| 指标值 | <0.4 | 0.4~0.8 | 0.8~1.2 | >1.2 |

5）万元农业产值耗水量

万元农业产值耗水量指生产出市场价值 1 万元的农产品平均需要消耗的水量，计量单位通常为 $m^3$/万元，该指标主要用于评价灌区以上宏观尺度的用水效益，其指标的评价阈值区间如表 5.17 所示。

**表 5.17　万元农业产值耗水量分级标准**

| 等　级 | 优 | 良 | 中 | 差 |
|---|---|---|---|---|
| 指标值/($m^3$/万元) | <1000 | 1000~1500 | 1500~2000 | >2000 |

**4. 灌区生态环境**

1）植被覆盖率

植被覆盖率指植被(林、灌、草)冠层遮蔽的地面面积与土地总面积的比例，是衡量地区生态环境质量的指标，用以评价灌区节水改造对灌区植被生长的影响。计算方法如下：

$$\rho_{植被} = \frac{\sum C_i \cdot A_i}{A}　　　　　　(5.20)$$

式中，$\rho_{植被}$ 为植被覆盖率；$C_i$ 为郁闭度；$A_i$ 为相应郁闭度的面积；$A$ 为灌区总面积。

植被覆盖率指标的评价阈值区间如表 5.18 所示。

**表 5.18　植被覆盖率分级标准**

| 等　级 | 差 | 中 | 良 | 优 |
|---|---|---|---|---|
| 指标值 | <0.1 | 0.1~0.15 | 0.15~0.3 | 0.3~1 |

2）生物多样性丰度

生物多样性丰度指通过单位面积上不同生态系统类型在生物物种数量上的差异，间接地反映被评价区域内生物丰度的丰贫程度。采用《生态环境状况评价技术规范》中生物多样性丰度指标来表征生物多样性[34]，其计算方法为

$$\text{BV} = \frac{\sum w_i \cdot s_i}{A} \tag{5.21}$$

式中，BV 为生物多样性丰度；$s_i$ 为第 $i$ 种土地利用类型的面积；$A$ 为灌区总面积；$w_i$ 为第 $i$ 种土地类型在生物多样性丰度中所占权重。

不同土地利用类型的权重取值如表 5.19 所示。生物多样性丰度指标等级标准如表 5.20 所示。

**表 5.19　土地利用类型在生物多样性中的权重**

| 土地类型 | 林地 | 草地 | 水域 | 耕地 | 建筑用地 | 未利用土地 |
|---|---|---|---|---|---|---|
| 权重 | 0.35 | 0.21 | 0.28 | 0.11 | 0.04 | 0.01 |

**表 5.20　生物多样性丰度分级标准**

| 等级 | 差 | 中 | 良 | 优 |
|---|---|---|---|---|
| 指标值 | <0.07 | 0.07～0.16 | 0.16～0.24 | 0.24～0.35 |

5. 节水与环保意识

节水与环保意识属于定性指标，由节水意识和环保意识两个指标构成，主要指灌区节水改造对人们的节水意识与环保意识的影响程度。

1）节水意识

节水意识是衡量灌区节水改造对农户节水行为影响的指标。一般而言，通过节水改造，相应的节水灌溉方式不仅能改变农户的农业用水行为，还有可能影响农户生活中的用水行为。节水意识是个定性指标，通过调查问卷的方式获得。为了用定量数值衡量，需要经过以下几个方法步骤。

第一步，设计问卷获得灌区内农户的节水意识变化情况。问卷设计三个问题，分别是：与节水改造前相比，节水意识：①没有变化；②有一点改善；③改善效果显著。

第二步，给每个答案赋予一定权重，选择①的权重为 0，选择②的权重为 0.6，选择③的权重为 1。

第三步，计算节水意识综合值，计算公式为

$$C_{\text{WS}} = \sum w_i \cdot \frac{N_i}{N} \tag{5.22}$$

式中，$C_{\text{WS}}$ 为节水意识；$N_i$ 为选择答案 $i$ 的人数，$i=1,2,3$；$N$ 为接受调查的总人数；$w_i$ 为相应答案的权重。

2）环保意识

环保意识是指灌区节水改造后对灌区环境的影响在灌区内农户认识和行为上的反应。灌区节水改造有可能对灌区的生态环境产生有益或有害的影响,无论是何种影响,都可能会激发农户的环保意识。农户环保意识的变化也需要通过问卷调查分析,计算方法和步骤与节水意识相同。

节水意识与环保意识指标评价阈值区间如表 5.21 所示。

表 5.21　节水意识与环保意识分级标准

| 等级 | 差 | 中 | 良 | 优 |
|---|---|---|---|---|
| 指标值 | <0.3 | 0.3~0.5 | 0.5~0.7 | 0.7~1.0 |

### 5.1.5　评价指标标准化处理

从上述灌区环境效应评价指标的定义和计算公式可知,选定的指标具有不同的量纲和单位,在进行多指标综合评价时,首先要对指标进行无量纲化处理。用层次分析法通常所采用的指标无量纲化处理方法包括标准化和离差化两种。指标数值标准化的基本公式为

$$A_{ij} = \frac{a_{ij} - \bar{a}_j}{\sqrt{\mathrm{var}(a_j)}} \tag{5.23}$$

式中,$A_{ij}$ 为第 $j$ 指标在 $i$ 状态下的标准化数值;$a_{ij}$ 为第 $j$ 指标在 $i$ 状态下的值;$\bar{a}_j$ 为第 $j$ 指标的平均值;$\sqrt{\mathrm{var}(a_j)}$ 为第 $j$ 指标的标准差。

指标数值离差化的基本公式为

$$A_{ij} = \frac{a_{ij} - a_{j\min}}{a_{j\max} - a_{j\min}} \tag{5.24}$$

式中,$a_{j\max}$ 为第 $j$ 指标的最大值;$a_{j\min}$ 为第 $j$ 指标的最小值;其余符号意义同前。

上述两种方法均可实现对指标的无量纲化处理,但两种方法均存在一个比较明显的不足,即要求评价对象为长序列的数值向量,无法对某一年的灌区状况进行评价。针对这一问题,结合指标阈值的分析结果,本研究对指标无量纲化的方法进行了改进,采用阈值极值法进行指标的无量纲化处理。阈值极值法就是用指标阈值的极大值和极小值分别代替原离差法中的最大、最小值。其计算公式如下:

当评价指标为正值时:

$$A_{ij} = \frac{a_{ij} - \min(\overline{a_j})}{\max(\overline{a_j}) - \min(\overline{a_j})} \tag{5.25}$$

当评价指标为负值时:

$$A_{ij} = \frac{\max(\overline{a_j}) - a_{ij}}{\max(\overline{a_j}) - \min(\overline{a_j})} \tag{5.26}$$

上述式中，$\max(\overline{a_j})$ 为第 $j$ 指标的阈值下限；$\min(\overline{a_j})$ 为第 $j$ 指标的阈值上限；其余符号意义同前。

由于针对某一类型的灌区，各指标阈值的极值基本不变。因此，采用阈值极值法可以避免因为评价对象的数据序列短而造成的无法对指标进行无量纲化处理的问题，从而实现对单一年份的环境效应进行评价和判断。

### 5.1.6　权重体系构建

多指标综合评价的关键是如何确定不同层级各指标的权重，权重确定的科学性和合理性直接决定着综合评价结果的科学性和合理性。权重的确定也是层次分析法的核心，主要步骤包括判断矩阵建立、特征值计算和权重确定。

按照 5.1.2 节所述方法建立判断矩阵 $T$ 之后，对矩阵进行特征根求解，如果通过了一致性检验，则可依据式（5.27）计算出各准则层指标的修正权重。

$$\overline{w_i} = \frac{n_i w_i}{\sum\limits_{i=1}^{m} n_i \cdot w_i} \tag{5.27}$$

式中，$\overline{w_i}$ 为准则层 $i$ 的修正权重；$w_i$ 为第 $i$ 准则层的权重；$n_i$ 为第 $i$ 准则层内的指标数；$m$ 为准则层数。

利用上式计算各准则层修正权重的目的是消除因各准则层指标个数的不同而造成的权重扭曲。

## 5.2　评价指标分析与计算

### 5.2.1　灌区类型划分及典型灌区选取

灌区节水改造环境效应评价需根据不同地区和不同类型灌区特点确定评价指标阈值和权重。结合全国行政区划和水资源条件，将灌区按两个层次划分。首先按照地理位置将全国划分为西北、东北、华北、西南、华中和东南沿海 6 大区域（图 5.2）。然后按照灌溉方式划分为井灌区、渠灌区、井渠结合 3 个类型。灌区类型对环境综合效应的影响主要体现在权重体系上，权重体系构建将专门针对不同类型的灌区设置不同的权重方案。

经过广泛的灌区调查和筛选，本研究选择两个典型灌区作为节水改造环境效应评价的试点：①北京大兴区，为华北井灌区的典型。②内蒙古河套灌区解放闸灌域，为西北渠灌区的典型。

图 5.2　灌区分类示意图

### 5.2.2　资料收集

灌区环境效应评价需收集以下 8 方面的资料：

（1）遥感数据：灌区 ET、土地利用类型、生物量等数据。

（2）气象资料：降水，最高气温、最低气温、相对湿度、辐射、日照时数、风速等。

（3）水文资料：河流水系分布图、地表水入流和出流量、水库蓄水量、泉水流量、地下水埋深、地下水侧向流入流出量、地下水开采量等。

（4）水质数据：地表水和地下水水质监测点位置分布，主要水质指标监测数据。

（5）灌区资料：灌区范围、有效灌溉面积、实灌面积、不同作物不同灌溉方式的面积及分布，主要节水措施及相应面积。

（6）灌溉资料：各月引水量、排水量、渠系水利用系数、渠系退水、渠系渗漏、灌溉次数、灌溉净定额和毛定额、灌溉效率等。

（7）土壤数据：水土流失面积、不同质量土壤的面积，土壤监测点位置分布，土壤主要监测指标监测数据。

（8）社会经济资料：灌区农业总产值、调查农户基本情况等。

上述 8 类数据基本上涵盖了评价指标计算所需的基础数据。主要通过 6 个途径获得：①遥感数据，如区域尺度上的植被 ET 和生物量；②田间长期定点实验监测数据,如降水量,地下水埋深、水质数据,灌溉引水量和渠系退水,灌溉次数和灌水量等;③田间调查调研,如土壤质量、土壤含盐量、灌区节水灌溉工程措施种类和面积;④相关机构调研,如灌区河流水系分布,灌区管理机构情况等;⑤社会调查,如灌区节水改造对农户的节水意识和环保意识的影响;⑥水文模型模拟数据,如灌区径流情况、不同土地类型耗水量等。

### 5.2.3　数据监测与采集

本研究于 2006～2007 年在北京大兴区进行了土地利用类型和土壤类型调查,收集水量和水质方面的相关数据,为灌区综合评价奠定了基础。2008 年和 2009 年在内蒙古河套灌区开展了灌区调查和数据收集工作。

根据大兴区 20 世纪 80 年代全国土壤普查提供的 1∶100 万表层土壤分布图,选定了 15 个土壤调查测点[图 5.3(a)]。在每个测点选取两个土壤剖面,用普通土钻取扰动土测定土壤质地,用原状土钻和环刀取原状土测定干容重和水分特征曲线。每个剖面分 6 层取样,取土深度为 10cm、30cm、50cm、70cm、90cm、110cm,15 个测点共取得原状土样和扰动土样各 180 个。室内测定土壤干容重、土壤颗分曲线和水分特征曲线。土地利用类型调查点采用随机方法选定,共调查了 56 个点,调查内容包括现状种植作物、前 3 年种植作物、耕作措施、灌溉水源、灌溉方式、灌水次数和时间等。根据现场调查数据和卫星遥感数据得到大兴区土地利用类型如图 5.3(b)所示。这些基础数据为灌区环境效应评价提供了依据。

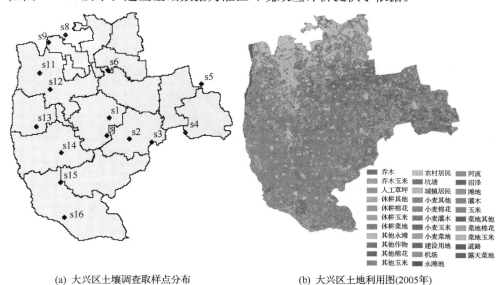

（a）大兴区土壤调查取样点分布　　　　　　（b）大兴区土地利用图(2005年)

图 5.3　大兴区土壤和土地利用类型调查

　　在河套灌区,为解决灌区评价中需要掌握土地利用类型的问题,利用中巴资源卫星 CBERS-02B 遥感影像资料,对解放闸灌域范围的数据进行了处理,采用计算机非监督分类、监督分类与人工解译相结合的方法初步制作了解放闸灌域土地利用图,并初选了具有代表性的不同土地利用类型调查样点、制定了调查路线。2009年 10 月进行了野外调查和验证。根据土地利用类型调查了 34 个点,应用手持GPS 对调查点进行定位,对解放闸灌域土地利用初图进行了复核,同时采集土样,以备进行土壤肥力等方面的实验分析,土壤调查点分布如图 5.4(a)所示。根据野外调查结果,用 GIS 软件对土地利用图进行了校核修订,得到 2008 年解放闸灌域土地利用现状如图 5.4(b)所示。

(a) 解放闸灌域土壤和土地利用类型调查点分布　　　　　(b) 解放闸灌域土地利用图(2008年8月)

图 5.4　河套灌区解放闸灌域土壤和土地利用类型调查

### 5.2.4　应用 CPSP 模型获取大兴井灌区水量指标

　　CPSP(country policy support programme)模型是国际灌排委员会(ICID)为在印度和中国实施的“以流域为单位的灌溉发展与水资源合理配置”项目开发的分区集总式水平衡分析模型,该模型除了在上述项目中得到验证和应用之外,还在埃及、墨西哥等国成功应用。该模型从水土资源合理开发和管理的角度对水资源进行分析,综合考虑了人类对水的各种需要,特别是灌溉发展和土地使用的变化影响。模型可用来计算整个土地利用的水循环过程,包括由于土地利用或农业用水改变而引起的水文变化。它可以分别描述地表水平衡、地下水平衡、地表水地下水之间的相互作用以及取水对蓄水量和耗水量的影响,模型结构示意图如图 5.5 所示。

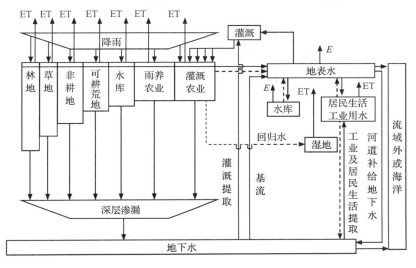

图 5.5　CPSP 水文模型结构示意图

大兴灌区为行政区域,不是封闭水文单元,且地势较为平缓,汇流关系不清晰。鉴于此,结合 DEM 数据,利用实际手工矢量河网数据采用"burn-in"方法,提取流域河网。流域河网生成后,选择包含大兴区闭合流域为基准进行流域划分,提取后的流域与大兴区边界进行叠加分析,将大兴区划分 5 个子流域(图 5.6),各子流域分别为 Sub1、Sub2、Sub3、Sub4、Sub5,其面积总和为 1034.99km²,占大兴区面积的 99.1%。分别采用 2004 年及 2005 年的土地利用、用水数据对模型进行率定及验证,并用率定及验证后的模型开展情景方案预测。模型率定及验证以实测水文和气象资料作为输入数据,而未来情景分析中采用 2005 年土地利用数据作为模型输入,而水文及气象资料采用 1986~2005 年共计 20 年数据均值作为模型输入。

用 CPSP 模型模拟了大兴区 2004~2005 年的供需耗排状况(表 5.22)。全区 2004 年降水 5.12 亿 m³,接近 50% 平水年;2005 年降水 3.96 亿 m³,稍高于 75% 枯水年,模拟得到 2004 年及 2005 年全区径流量分别为 0.31 亿 m³ 和 0.21 亿 m³,《北京市大兴区水资源综合规划》成果中 50% 平水年及 75% 枯水年径流的计算结果分别为 0.32 亿 m³ 和 0.13 亿 m³[35],反映出模型计算结果基本合理。2004 年及 2005 年总耗水量分别为 5.53 亿 m³ 和 5.55 亿 m³。其中农业用地耗水量占总耗水量的 79% 左右。2004 年及 2005 年大兴区缺水量分别为 0.72 亿 m³ 和 1.80 亿 m³。

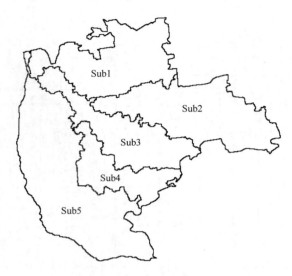

图 5.6　大兴区子流域划分

表 5.22　大兴区现状水平衡状况（单位：×$10^6 m^3$）

| 分类 | 2004 年 | 2005 年 |
|---|---|---|
| 降雨量 | 511.76 | 395.78 |
| 总耗水量 | 553.09 | 555.22 |
| 河道出流量 | 30.87 | 21.04 |
| 蓄变量 | −72.2 | −180.48 |

地下水位实测数据显示,在大兴区 2004 年地下水位平均下降 0.06m,2005 年下降 0.61m。地下水的补给量主要来自降水、灌溉回归水及河流侧渗补给;而地下水的支出主要用于农业灌溉,工业及居民生活用水,其中农业灌溉所占比重较大。模拟显示 2004 年及 2005 年地下水超采量分别为 0.74 亿 $m^3$ 和 1.46 亿 $m^3$。大兴区地下水平衡模拟结果如表 5.23 所示。

表 5.23　大兴区现状地下水平衡状况（单位：×$10^6 m^3$）

| 分类 | 2004 年 | 2005 年 |
|---|---|---|
| 降水补给 | 47.60 | 13.06 |
| 地表水灌溉回流 | 5.61 | 7.14 |
| 地下水灌溉回流 | 34.11 | 32.07 |
| 工业和生活回流 | 10.23 | 10.87 |
| 河道补给地下水 | 30.87 | 21.04 |
| 灌溉取用地下水 | 139.26 | 157.84 |
| 工业和居民取水 | 61.63 | 66.12 |
| 抽取到渠道的水 | 1.60 | 6.66 |
| 蓄变量 | −74.09 | −146.44 |

### 5.2.5　应用四水转化模型获取解放闸灌域水量指标

本研究所应用的干旱区平原绿洲耗散型(四水转化模型中的四水指大气水、地表水、土壤水、地下水)水文模型由清华大学、西安理工大学、新疆农业大学等单位合作研制开发。该模型是一个概念性的水文模型,以水量平衡为基础,模型模拟时,灌溉水量(含地表水、地下水)为已知(或设定),应用 Penman-Monteith 公式计算参照腾发量,再按作物和植被组成及生长状况,得到作物最大耗水能力,在此基础上,进行各单元水量平衡分析及单元间水量交换计算。

#### 1. 模型输入

模型的输入主要包括模拟区域和单元划分及拓扑关系定义数据、渠系及田间灌溉效率、损失系数、参照作物蒸散发量、毛管水通量特征参数、地下水埋深分类、地下水出入流过程分析、地下水与河段水量交换、计算初始值、灌溉单元排水到其他单元、灌区排水数据等。

解放闸灌域内没有自然河道,从区外的黄河引水口引水,不存在河流上下游、支流汇入等联系,因此区域内不再细分计算单元。研究区总面积 2156.44 $km^2$,灌溉地面积 1421 $km^2$,非灌溉地面积 735.44 $km^2$。

#### 2. 参数率定

模型有 7 个参数需根据灌区实际情况率定,分别为:上土壤层蓄水容量 WUM、下土壤层蓄水容量 WMM、退水系数 TCEEF、排水系数 PD、农区非农区地下水交换参数 CWL、非农区地下水交换参数 PGW 以及土壤给水度 $\mu$。上述 7 个参数的初值如表 5.24 所示。

表 5.24　四水转化模型参数初值与率定值

| 序号 | 参数名 | 符号 | 初值 | 率定值 |
|---|---|---|---|---|
| 1 | 上土壤层蓄水容量 | WUM | 20～40 mm | 15 |
| 2 | 下土壤层蓄水容量 | WMM | 300～400 mm | 250 |
| 3 | 退水系数 | TCEEF | 0.03～0.06 | 0.18 |
| 4 | 排水系数 | PD | 0.05～0.08 | 0.10 |
| 5 | 农区非农区地下水交换参数 | CWL | 0.2～0.4 | 0.28 |
| 6 | 非农区地下水交换参数 | PGW | 0.1～0.3 | 0.15 |
| 7 | 给水度 | $\mu$ | 壤土 0.04～0.08<br>黏土 0.01～0.04 | 壤土 0.05<br>黏土 0.03 |

用 1992～1996 年地下水埋深的实测数据对模型参数进行率定。率定期地下

水埋深模拟值与实测值结果如图 5.7 所示，回归分析结果显示（图 5.8），地下水埋深模拟值与实测值的相关系数（$r$）为 0.74，决定系数（$R^2$）为 0.55；非农区地下水埋深模拟值与实测值的相关系数（$r$）为 0.79，决定系数（$R^2$）为 0.62，说明选择的模型和确定的参数具有较好的模拟效果，主要参数率定值如表 5.24 所示。农区地下水埋深比非农区地下水埋深的相关性较稍差，其原因可能是由于农区为灌溉地，各种水量之间的交换机理更为复杂。

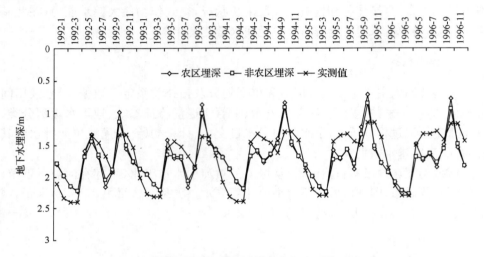

图 5.7　率定期地下水埋深模拟值与实测值对比图

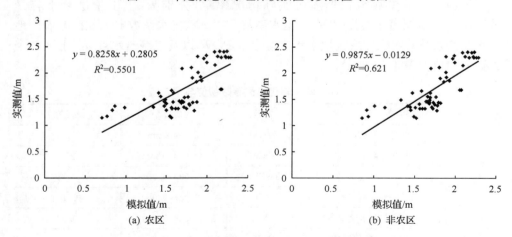

图 5.8　率定期地下水埋深模拟值与实测值相关性分析

3. 模型检验

用 1997～2000 年的地下水埋深数据对模型进行检验。检验期地下水埋深模拟值与实测值结果如图 5.9 所示,回归分析结果显示(图 5.10),地下水埋深模拟值与实测值的相关系数($r$)为 0.79,决定系数($R^2$)为 0.62;非农区地下水埋深模拟值与实测值的相关系数($r$)为 0.83,决定系数($R^2$)为 0.69,说明检验期模拟效果较好,该模型可用于河套灌区的水平衡分析和预测。

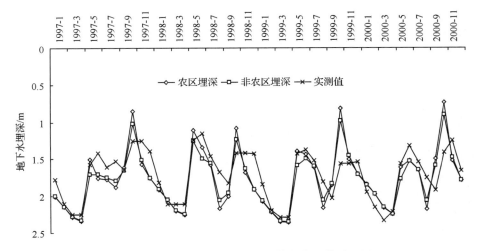

图 5.9　检验期地下水埋深模拟值与实测值对比图

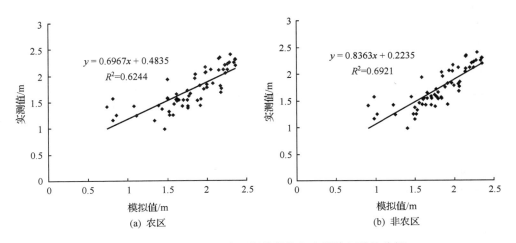

图 5.10　检验期地下水埋深模拟值与实测值相关性分析

4. 模型应用

用上述模型对河套灌区解放闸灌域 2001～2005 年的数据进行分析,结果如表 5.25～表 5.28 和图 5.11 所示。

表 5.25　解放闸灌域 2001～2005 年总水量平衡模拟结果（单位：$\times 10^8 \text{m}^3$）

| 年份 | 补给水量 | | 消耗水量 | | | | | 蓄变量 | |
|---|---|---|---|---|---|---|---|---|---|
| | 引水 | 降水 | 作物腾发 | 非灌溉地土面蒸发 | 渠道水面蒸发 | 退水 | 排水 | 土壤水 | 地下水 |
| 2001 | 11.21 | 1.87 | 0.28 | 9.01 | 1.04 | 0.39 | 0.85 | 1.06 | 0.80 |
| 2002 | 11.21 | 1.63 | 0.28 | 8.22 | 1.81 | 0.38 | 0.83 | 1.52 | 0.83 |
| 2003 | 9.22 | 1.97 | 0.28 | 8.10 | 1.31 | 0.33 | 0.73 | 0.50 | 0.85 |
| 2004 | 9.76 | 3.03 | 0.28 | 8.66 | 1.42 | 0.38 | 0.83 | 1.05 | 0.88 |
| 2005 | 10.58 | 1.09 | 0.28 | 8.60 | 1.25 | 0.34 | 0.75 | 0.47 | 0.92 |
| 平均 | 10.40 | 1.92 | 0.28 | 8.52 | 1.37 | 0.36 | 0.80 | 0.92 | 0.86 |

表 5.26　解放闸灌域 2001～2005 年灌溉地水平衡模拟结果（单位：$\times 10^8 \text{m}^3$）

| 年份 | 补给水量 | | 消耗水量 | | 土壤水蓄变量 |
|---|---|---|---|---|---|
| | 到达田间水量 | 潜水补给水量 | 作物腾发耗水 | 渗漏补给地下水 | |
| 2001 | 8.01 | 2.71 | 9.01 | 1.70 | 0.02 |
| 2002 | 7.85 | 3.30 | 8.22 | 2.90 | 0.02 |
| 2003 | 6.89 | 2.90 | 8.10 | 1.71 | —0.02 |
| 2004 | 7.88 | 2.97 | 8.66 | 2.18 | 0.01 |
| 2005 | 7.14 | 3.01 | 8.60 | 1.60 | —0.05 |
| 平均 | 7.55 | 2.98 | 8.52 | 2.02 | —0.01 |

表 5.27　解放闸灌域 2001～2005 年地下水平衡模拟结果（单位：$\times 10^8 \text{m}^3$）

| 年份 | 补给水量 | | 消耗水量 | | 地下水蓄变量 |
|---|---|---|---|---|---|
| | 渠道渗漏 | 田间渗漏 | 田间潜水蒸发 | 非灌溉地蒸发 | |
| 2001 | 4.02 | 1.70 | 0.10 | 2.71 | 0.80 |
| 2002 | 3.97 | 2.90 | 0.09 | 3.30 | 0.83 |
| 2003 | 3.42 | 1.71 | 0.10 | 2.90 | 0.85 |
| 2004 | 3.84 | 2.18 | 0.14 | 2.97 | 0.88 |
| 2005 | 3.65 | 1.60 | 0.06 | 3.01 | 0.92 |
| 平均 | 3.78 | 2.02 | 0.10 | 2.98 | 0.86 |

表 5.28　解放闸灌域 2001～2005 年地下水平均埋深模拟结果

| 年份 | 2001 | 2002 | 2003 | 2004 | 2005 |
|---|---|---|---|---|---|
| 平均埋深/m | 1.88 | 1.80 | 1.89 | 1.85 | 1.91 |

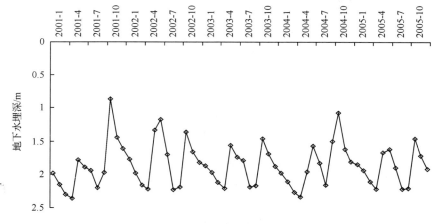

图 5.11    解放闸灌域 2001～2005 年地下水埋深模拟结果

## 5.3    灌区节水改造环境效应综合评价系统研制

### 5.3.1    系统研制的目标和任务

"灌区节水改造环境效应综合评价系统"的开发基于 GIS 平台下,在"灌区节水改造环境效应评价指标体系"的基础上,以层次分析法为评价方法,开发出一套能够表示不同类型灌区节水改造环境影响评价方法和结果的开放式综合评价信息系统,为正确评价灌区节水改造的环境效应提供实用工具,为促进灌区水土资源可持续利用和灌区农业生产可持续发展提供技术支撑。

### 5.3.2    系统结构

"灌区节水改造环境效应评价管理信息系统"由数据信息系统、评价分析系统和结果展示系统三部分构成,如图 5.12 所示。

### 5.3.3    系统功能

灌区节水改造环境效应综合评价系统可划分为以下六个功能模块(图 5.13):

(1) 用户管理模块:实现不同用户的权限管理。

(2) 结果显示模块:实现基于 GIS 的地图显示,地图操作的常见功能,评价结果的各个形式显示。

(3) 指标分析处理模块:指标阈值的确定,指标标准化处理,主要指标进行变化轨迹分析。

(4) 指标权重确定模块:按照不同灌区类型对评价指标进行权重确定,根据用

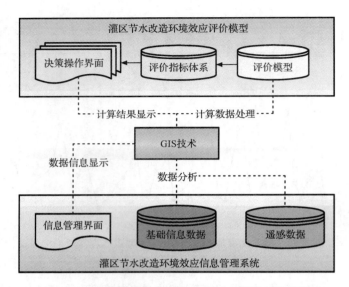

图 5.12　灌区节水改造环境效应综合评价系统结构

户的不同确定方法可以分为专家评定法和用户自评定法。

（5）环境效应评价模块：对灌溉节水改造环境效应的结果评价和规划方案的预测评价。

（6）系统帮助模块：为该系统提供方便、实用的运行操作帮助。

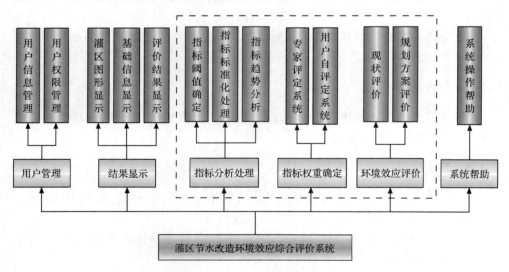

图 5.13　灌区节水改造环境效应综合评价系统模块划分

### 5.3.4　系统主要操作界面

系统主要界面如图 5.14～图 5.19 所示。

图 5.14　程序进入界面

图 5.15　灌区地域选定界面

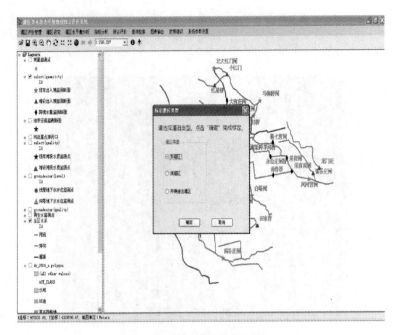

图 5.16　灌区类型标定界面

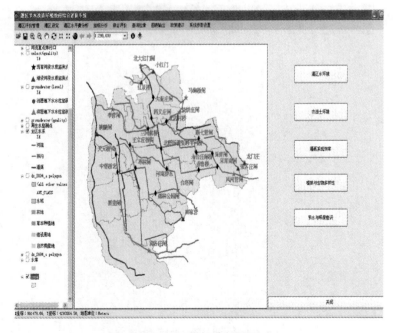

图 5.17　指标分析界面

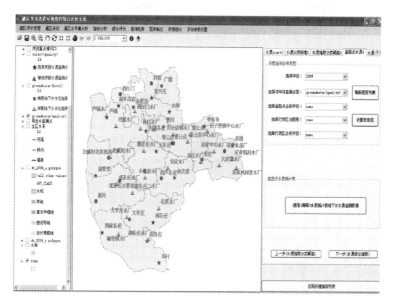

图 5.18　水质分析界面

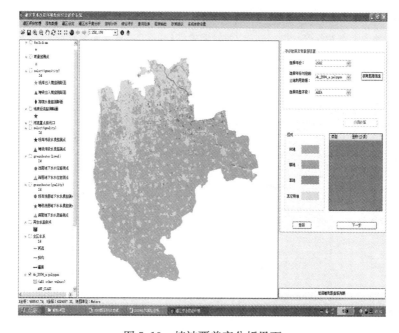

图 5.19　植被覆盖率分析界面

# 5.4　典型灌区节水改造环境效应综合评价

## 5.4.1　大兴井灌区(华北井灌区典型)

### 1. 研究区概况

大兴区位于海河流域中北部,北京南郊,地处 $39°26'\sim39°50'N,116°13'\sim116°43'E$ 之间,共辖 14 个乡镇和 2 个农场。北与丰台、朝阳区相接,西隔永定河与房山区相望,东与通州区毗邻,南与河北省的廊坊市、固安县及涿州市接壤;南北长约 44km,东西宽约 44km,总面积 1030km²。全境属永定河冲积平原,地势自西向东南缓倾,大部分地区海拔 14~52m 之间,属暖温带半湿润大陆季风气候。大兴区四季分明,年平均气温为 11.6℃,年平均降水量 556mm,农业灌溉主要是地下水灌溉,属于典型的华北井灌区。

### 2. 评价指标

大兴井灌区节水改造环境效应评价以 2004 年为基准年,18 个指标计算结果及其无量纲化处理结果如表 5.29 所示。

表 5.29　大兴井灌区 2004 年环境效应评价指标计算结果及其无量纲化处理结果

| 准则层名称 | 指标名称 | 指标数值 | 无量纲化处理结果 $A_{ij}$ |
|---|---|---|---|
| 灌区水环境 R1 | 地表水引水比 a11 | 0.2 | 0.22 |
| | 地下水开采比 a12 | 1.58 | 0.73 |
| | 地下水位埋深适宜度 a13 | 1.17 | 0.07 |
| | 有益耗水系数 a14 | 0.71 | 0.64 |
| | 水质综合指数 a15 | 0.79 | 0.9 |
| 农田土环境 R2 | 土壤等级质量指数 a21 | 0.14 | 0.04 |
| | 侵蚀模数 a22 | 0.92 | 0.9 |
| | 土壤肥力指数 a23 | 0.32 | 0.32 |
| | 土壤盐渍化率 a24 | 0.12 | 0.92 |
| 灌溉系统效率 R3 | 工程完好率 a31 | 0.79 | 0.74 |
| | 节灌率 R32 | 0.99 | 0.99 |
| | 灌溉水有效利用系数 a33 | 0.56 | 0.58 |
| | 水分生产效率 a34 | 1.12 | 0.28 |
| | 万元农业产值耗水量 a35 | 2410 | 0.77 |

| 准则层名称 | 指标名称 | 指标数值 | 无量纲化处理结果 $A_{ij}$ |
|---|---|---|---|
| 灌区生态环境 R4 | 生物多样性丰度 a41 | 0.17 | 0.17 |
| | 植被覆盖率 a42 | 0.19 | 0.67 |
| 节水与环保意识 R5 | 节约用水意识 a51 | 0.14 | 0.32 |
| | 环境保护意识 a52 | 0.14 | 0.32 |

### 3. 判断矩阵及权重

层次分析法对指标权重的确定通过问卷调查,由相关领域的研究者、大兴灌区相关部门的工作者以及灌区内用水户来评定。设 $A_i$ 对 R 的权重为 $w_i$,a $ij$ 对 $A_i$ 的权重为 $w_{ij}$,构成两两比较判别矩阵。经层次单排序和层次总排序的一致性检验计算,各判断矩阵的 CR<0.10,具有较好的一致性。各判断矩阵结果如表 5.30~表 5.35 所示。

表 5.30　大兴井灌区准则层判断矩阵及其特征值

| 准则层名称 $R_i$ | 灌区水环境 R1 | 农田土环境 R2 | 灌溉系统效率 R3 | 灌区生态环境 R4 | 节水与环保意识 R5 | 准则层权重 $w_i$ |
|---|---|---|---|---|---|---|
| 灌区水环境 R1 | 1 | 1 | 3 | 5 | 7 | 0.27 |
| 农田土环境 R2 | 1 | 1 | 3 | 5 | 7 | 0.29 |
| 灌溉系统效率 R3 | 1/3 | 1/3 | 1 | 3 | 5 | 0.23 |
| 灌区生态环境 R4 | 1/5 | 1/5 | 1/3 | 1 | 3 | 0.13 |
| 节水与环保意识 R5 | 1/7 | 1/7 | 1/5 | 1/3 | 1 | 0.08 |
| 特征值 | $\lambda_{max}=5.032$ | | | | CI=0.008 | |
| | CR=0.007 < 0.01 | | | | RI=1.12 | |

**表 5.31 大兴井灌区水环境指标判断矩阵及其特征值**

| 指标名称 $aij$ | 地表水引水比 a11 | 地下水开采比 a12 | 水位埋深适宜度 a13 | 有效耗水系数 a14 | 水质综合指数 a15 | 指标在准则层内权重 $w_{ij}$ |
|---|---|---|---|---|---|---|
| 地表水引水比 a11 | 1 | 1/5 | 1/3 | 1/3 | 1/3 | 0.12 |
| 地下水开采比 a12 | 5 | 1 | 3 | 5 | 7 | 0.35 |
| 水位埋深适宜度 a13 | 3 | 1/3 | 1 | 3 | 5 | 0.23 |
| 有效耗水系数 a14 | 3 | 1/5 | 1/3 | 1 | 3 | 0.17 |
| 水质综合指数 a15 | 3 | 1/7 | 1/5 | 1/3 | 1 | 0.12 |
| 特征值 | $\lambda_{max}=5.064$ | | | CI=0.016 | | |
| | CR=0.001 < 0.1 | | | RI=1.12 | | |

**表 5.32 大兴井灌区土环境指标判断矩阵及其特征值**

| 指标名称 $aij$ | 土壤等级质量指数 a21 | 侵蚀模数 a22 | 土壤肥力指数 a23 | 土壤盐渍化率 a24 | 指标在准则层内权重 $w_{ij}$ |
|---|---|---|---|---|---|
| 土壤等级质量指数 a21 | 1 | 1/5 | 1/3 | 1/3 | 0.16 |
| 侵蚀模数 a22 | 5 | 1 | 3 | 5 | 0.39 |
| 土壤肥力指数 a23 | 3 | 1/3 | 1 | 3 | 0.26 |
| 土壤盐渍化率 a24 | 3 | 1/5 | 1/3 | 1 | 0.19 |
| 特征值 | $\lambda_{max}=4.154$ | | CI=0.151 | | |
| | CR=0.054 < 0.1 | | RI=0.9 | | |

**表 5.33　大兴井灌区灌溉系统效率指标判断矩阵及其特征值**

| 指标名称 $a_{ij}$ | 工程完好率 a31 | 节灌率 a32 | 灌溉水有效利用系数 a33 | 水分生产效率 a34 | 万元农业产值耗水量 a35 | 指标在准则层内权重 $w_{ij}$ |
|---|---|---|---|---|---|---|
| 工程完好率 a31 | 1 | 1/3 | 1/5 | 1/5 | 1/7 | 0.10 |
| 节灌率 a32 | 3 | 1 | 1/3 | 1/5 | 1/5 | 0.13 |
| 灌溉水有效利用系数 a33 | 5 | 3 | 1 | 1/3 | 1/3 | 0.22 |
| 水分生产效率 a34 | 5 | 5 | 3 | 1 | 1/3 | 0.23 |
| 万元农业产值耗水量 a35 | 7 | 5 | 3 | 3 | 1 | 0.32 |
| 特征值 | $\lambda_{max}=5.228$ | | | CI=0.57 | | |
| | CR=0.051 < 0.1 | | | RI=1.12 | | |

**表 5.34　大兴井灌区生态环境指标判断矩阵及其特征值**

| 指标名称 $a_{ij}$ | 生物多样性丰度 a41 | 植被覆盖率 a42 | 指标在准则层内权重 $w_{ij}$ |
|---|---|---|---|
| 生物多样性丰度 a41 | 1 | 1/2 | 0.40 |
| 植被覆盖率 a42 | 2 | 1 | 0.60 |
| 特征值 | $\lambda_{max}=2$ | CI=0 | |
| | CR=0 < 0.1 | RI=0 | |

**表 5.35　节水与环保意识指标判断矩阵及其特征值**

| 指标名称 $a_{ij}$ | 节水意识 a51 | 环保意识 a52 | 指标在准则层内权重 $w_{ij}$ |
|---|---|---|---|
| 节水意识 a51 | 1 | 1/2 | 0.60 |
| 环保意识 a52 | 2 | 1 | 0.40 |
| 特征值 | $\lambda_{max}=2$ | CI=0 | |
| | CR=0 < 0.1 | RI=0 | |

　　判断矩阵通过一致性检验后,便可依据判断矩阵计算各准则层和各指标的权重(表 5.36 和表 5.37),由于影响灌区环境效应的各准则层指标数并不一致,因此需按照式(5.27)对各权重进行修正,修正后的权重如表 5.36 和表 5.37 所示。

**表 5.36　大兴井灌区综合评价准则层权重**

| 准则层 | 权重代码 | 权重 | 指标数 $n$ | 修正权重 $\overline{w_i}$ | |
|---|---|---|---|---|---|
| 灌区水环境 | W1 | 0.27 | 5 | $\overline{w_1}$ | 0.34 |
| 农田土环境 | W2 | 0.29 | 4 | $\overline{w_2}$ | 0.29 |
| 灌溉系统效率 | W3 | 0.23 | 5 | $\overline{w_3}$ | 0.29 |
| 灌区生态环境 | W4 | 0.13 | 2 | $\overline{w_4}$ | 0.07 |
| 节水与环保意识 | W5 | 0.08 | 2 | $\overline{w_5}$ | 0.02 |

**表 5.37　大兴井灌区综合评价指标层权重**

| 准则层名称 | 指标层名称 | 权重代码 | 权重 | 修正权重 $\overline{w_i}$ |
|---|---|---|---|---|
| 灌区水环境<br>W1 | 地表水引水比 | W11 | 0.03 | 0.04 |
| | 地下水开采比 | W12 | 0.09 | 0.12 |
| | 水位埋深适宜度 | W13 | 0.06 | 0.08 |
| | 有益耗水系数 | W14 | 0.05 | 0.06 |
| | 水质综合指数 | W15 | 0.03 | 0.04 |
| 农田土环境<br>W2 | 土壤等级质量指数 | W21 | 0.05 | 0.05 |
| | 侵蚀模数 | W22 | 0.11 | 0.11 |
| | 土壤肥力指数 | W23 | 0.08 | 0.08 |
| | 土壤盐渍化率 | W24 | 0.06 | 0.06 |
| 灌溉系统效率<br>W3 | 工程完好率 | W31 | 0.02 | 0.03 |
| | 节灌率 | W32 | 0.03 | 0.04 |
| | 灌溉水有效利用系数 | W33 | 0.05 | 0.06 |
| | 水分生产效率 | W34 | 0.05 | 0.07 |
| | 万元农业产值耗水量 | W35 | 0.07 | 0.09 |
| 灌区生态环境<br>W4 | 生物多样性丰度 | W41 | 0.05 | 0.03 |
| | 植被覆盖率 | W42 | 0.08 | 0.04 |
| 节水与环保意识 W5 | 节约用水意识 | W51 | 0.05 | 0.01 |
| | 环境保护意识 | W52 | 0.03 | 0.01 |

**4. 评价结果与分析**

为了对评价结果进行判断,需要设计灌区节水改造环境效应状态区间,即确定预警分界点。采用层次分析法评价灌区节水改造环境效应,其指标数值在经过阈值极值化处理并进行加权计算后,其综合评价值处于 0~1 区间。在结合传统分析方法的基础上,通过对环境效应理论值范围进行划分,确定出各类状态范围,如

表 5.38 所示。当状态值处于 0.2 以下时,表明节水改造对灌区环境的影响处于极差状态,致使灌区出现严重的环境问题;当状态值处于 0.2～0.4 时,说明节水改造对灌区环境有较差的影响,灌区环境问题已经出现;当状态值处于 0.4～0.5 时,说明节水改造对灌区环境的影响影响处于警戒状态,如不及时修改节水改造方案,灌区环境将出现恶化;当状态值大于 0.5 时,说明节水改造对灌区环境影响处于正效应,状态值越高,效果越理想。

**表 5.38 灌区节水改造环境效应状态区间**

| 分级 | 恶劣状态 | 较差状态 | 一般状态 | | 良好状态 | 理想状态 |
| | | | 警戒状态 | 正常状态 | | |
| --- | --- | --- | --- | --- | --- | --- |
| 区间值 | 0～0.2 | 0.2～0.4 | 0.4～0.5 | 0.5～0.6 | 0.6～0.8 | 0.8～1 |

2004 年大兴灌区环境总效应评价结果如表 5.39 所示。环境总效应为 0.59,处于正常状态,表明大兴井灌区节水改造对灌区环境影响总体上处于正面影响。在准则层效应方面,其中灌区水环境处于正常状态,灌区生态环境处于警戒状态,其余均处于良好状态。评价结果表明,大兴井灌区生态环境存在问题较大。

**表 5.39 大兴井灌区节水改造环境效应综合评价结果**

| 评价项 | 效应值 | 状态 |
| --- | --- | --- |
| 综合效应 | 0.59 | 正常状态 |
| 灌区水环境 | 0.52 | 正常状态 |
| 农田土环境 | 0.62 | 良好状态 |
| 灌溉系统效率 | 0.64 | 良好状态 |
| 灌区生态环境 | 0.47 | 警戒状态 |
| 节水与环保意识 | 0.64 | 良好状态 |

## 5.4.2 河套灌区解放闸灌域(西北渠灌区典型)

### 1. 研究区概况

解放闸灌域位于内蒙古河套灌区西部,南临黄河,北依阴山,西与乌兰布和沙漠、一干渠灌域接壤,东与永济渠灌域毗邻。灌域涉及杭锦后旗、临河市、乌拉特后旗、乌拉特中旗、磴口县、伊盟杭锦旗六个旗(县)市的 38 个乡镇(苏木)及巴盟农管局一个农场。灌域属中温带高原、大陆性气候,气候干燥,蒸发量大,无霜期短,日照时间长,昼夜温差大,年均日照时数为 3181h,多年平均无霜期 130d,年平均降水 138.2mm,年平均蒸发量 2096.4mm,年平均风速 2～3m/s,是典型的无灌溉就无农业的地区。灌域总控制面积 323.45 万亩,其中灌溉面积 213.14 万亩,非灌溉面积 110.31 万亩。

## 2. 评价指标

解放闸灌域节水改造后的环境综合效应由目标层、准则层和指标层 3 级构成。以 2007 年为解放闸灌域节水改造后的水平年,指标值计算结果和指标无量纲化处理结果如表 5.40 所示。

**表 5.40　解放闸灌域 2007 年环境效应评价指标计算结果及其无量纲化处理结果**

| 准则层名称 | 指标名称 | 指标数值 | 无量纲化处理结果 $A_{ij}$ |
|---|---|---|---|
| 灌区水环境 R1 | 地表水引水比 a11 | 0.84 | 0.16 |
| | 地下水开采比 a12 | 0.14 | 0.86 |
| | 地下水位埋深适宜度 a13 | 0.96 | 0.96 |
| | 有益耗水系数 a14 | 0.79 | 0.79 |
| | 水质综合指数 a15 | 0.99 | 0.23 |
| 灌区土环境 R2 | 土壤等级质量指数 a21 | 0.35 | 0.35 |
| | 侵蚀模数 a22 | 0.20 | 0.20 |
| | 土壤肥力指数 a23 | 0.95 | 0.41 |
| | 土壤盐渍化率 a24 | 0.25 | 0.75 |
| 灌溉系统效率 R3 | 工程完好率 a31 | 0.74 | 0.74 |
| | 节灌率 R32 | 0.28 | 0.28 |
| | 灌溉水有效利用系数 a33 | 0.43 | 0.43 |
| | 水分生产效率 a34 | 1.32 | 1.00 |
| | 万元农业产值耗水量 a35 | 4800 | 0.01 |
| 灌区生态环境 R4 | 生物多样性丰度 a41 | 0.11 | 0.11 |
| | 植被覆盖率 a42 | 0.17 | 0.17 |
| 节水与环保意识 R5 | 节约用水意识 a51 | 0.80 | 0.20 |
| | 环境保护意识 a52 | 0.80 | 0.20 |

## 3. 判断矩阵及权重

建立目标层判断矩阵 $A\text{-}Rj$。准则层判断矩阵包括:水环境判断矩阵 $R1\text{-}a1j$,土环境判断矩阵 $R2\text{-}a2j$,灌溉系统效率判断矩阵 $R3\text{-}a3j$,生态环境判断矩阵 $R4\text{-}a4j$,节水与环保意识判断矩阵 $R5\text{-}a5j$。经层次单排序和层次总排序的一致性检验计算,各判断矩阵的 CR < 0.10,具有较满意的一致性。各判断矩阵如表 5.41~表 5.46 所示。

#### 表 5.41　目标层判断矩阵 R-R$i$

| R$i$ | R1 | R2 | R3 | R4 | R5 | $w_i$ |
|---|---|---|---|---|---|---|
| R1 | 1 | 2 | 3 | 5 | 7 | 0.43 |
| R2 | 1/2 | 1 | 2 | 4 | 6 | 0.28 |
| R3 | 1/3 | 1/2 | 1 | 3 | 5 | 0.17 |
| R4 | 1/5 | 1/4 | 1/3 | 1 | 3 | 0.08 |
| R5 | 1/7 | 1/6 | 1/5 | 1/3 | 1 | 0.04 |

CR＝0.0302＜0.10

#### 表 5.42　灌区水环境判断矩阵 R1-a1$j$

| R1 | a11 | a12 | a13 | a14 | a15 | $w_{1j}$ |
|---|---|---|---|---|---|---|
| a11 | 1 | 3 | 3 | 1/2 | 1/2 | 0.19 |
| a12 | 1/3 | 1 | 1 | 1/5 | 1/5 | 0.07 |
| a13 | 1/3 | 1 | 1 | 1/3 | 1/3 | 0.08 |
| a14 | 2 | 5 | 3 | 1 | 1 | 0.33 |
| a15 | 2 | 5 | 3 | 1 | 1 | 0.33 |

CR＝0.0139＜0.10

#### 表 5.43　农田土环境判断矩阵 R2-a2$j$

| R2 | a21 | a22 | a23 | a24 | $w_{2j}$ |
|---|---|---|---|---|---|
| a21 | 1 | 2 | 1/2 | 1/4 | 0.14 |
| a22 | 1/2 | 1 | 1/3 | 1/5 | 0.09 |
| a23 | 2 | 3 | 1 | 1/2 | 0.26 |
| a24 | 4 | 5 | 2 | 1 | 0.51 |

CR＝0.0079＜0.10

#### 表 5.44　灌溉系统效率判断矩阵 R3-a3$j$

| R3 | a31 | a32 | a33 | a34 | a35 | $w_{3j}$ |
|---|---|---|---|---|---|---|
| a31 | 1 | 1/3 | 1/5 | 1/5 | 1/7 | 0.04 |
| a32 | 3 | 1 | 1/3 | 1/5 | 1/5 | 0.08 |
| a33 | 5 | 3 | 1 | 1/3 | 1/3 | 0.16 |
| a34 | 5 | 5 | 3 | 1 | 1/3 | 0.27 |
| a35 | 7 | 5 | 3 | 3 | 1 | 0.45 |

CR＝0.0693＜0.10

#### 表 5.45　灌区生态环境判断矩阵 R4-a4$j$

| R4 | a41 | a42 | $w_{4j}$ |
|---|---|---|---|
| a41 | 1 | 1/2 | 0.33 |
| a42 | 2 | 1 | 0.67 |

CR＝0.0000＜0.10

#### 表 5.46　节水与环保意识判断矩阵 R5-a5$j$

| R5 | a51 | a52 | $w_{5j}$ |
|---|---|---|---|
| a51 | 1 | 1/2 | 0.67 |
| a52 | 2 | 1 | 0.33 |

CR＝0.0000＜0.10

判断矩阵通过一致性检验后,便可依据判断矩阵计算各准则层和各指标的权重(表 5.47 和表 5.48),并按照式(5.27)对各权重进行修正,修正后的权重如表 5.47 和 5.48 所示。

#### 表 5.47　解放闸灌域综合评价准则层权重

| 准则层 | 权重代码 | 权重 | 指标数 $n$ | 修正权重 $\overline{w_i}$ | |
|---|---|---|---|---|---|
| 灌区水环境 | W1 | 0.43 | 5 | $\overline{w_1}$ | 0.49 |
| 农田土环境 | W2 | 0.28 | 4 | $\overline{w_2}$ | 0.26 |
| 灌溉系统效率 | W3 | 0.17 | 5 | $\overline{w_3}$ | 0.19 |
| 灌区生态环境 | W4 | 0.08 | 2 | $\overline{w_4}$ | 0.04 |
| 节水与环保意识 | W5 | 0.04 | 2 | $\overline{w_5}$ | 0.02 |

**表 5.48　解放闸灌域综合评价指标层权重**

| 准则层名称 | 指标层名称 | 权重代码 | 权重 | 修正权重 $\overline{w_i}$ |
|---|---|---|---|---|
| 灌区水环境<br>W1 | 地表水引水比 | W11 | 0.08 | 0.09 |
| | 地下水开采比 | W12 | 0.03 | 0.04 |
| | 水位埋深适宜度 | W13 | 0.04 | 0.04 |
| | 有益耗水系数 | W14 | 0.14 | 0.16 |
| | 水质综合指数 | W15 | 0.14 | 0.16 |
| 农田土环境<br>W2 | 土壤等级质量指数 | W21 | 0.04 | 0.04 |
| | 侵蚀模数 | W22 | 0.03 | 0.02 |
| | 土壤肥力指数 | W23 | 0.07 | 0.07 |
| | 土壤盐渍化率 | W24 | 0.14 | 0.13 |
| 灌溉系统效率<br>W3 | 工程完好率 | W31 | 0.01 | 0.01 |
| | 节灌率 | W32 | 0.01 | 0.01 |
| | 灌溉水有效利用系数 | W33 | 0.03 | 0.03 |
| | 水分生产效率 | W34 | 0.04 | 0.05 |
| | 万元农业产值耗水量 | W35 | 0.08 | 0.09 |
| 灌区生态环境<br>W4 | 生物多样性丰度 | W41 | 0.03 | 0.01 |
| | 植被覆盖率 | W42 | 0.05 | 0.03 |
| 节水与环保意识<br>W5 | 节约用水意识 | W51 | 0.03 | 0.01 |
| | 环境保护意识 | W52 | 0.01 | 0.01 |

## 4. 评价结果与分析

结合灌区特点,将评价标准分为 6 个级别,总的分值区间为 0~1,每个级别对应于相应的分值区间,具体分级标准及详细描述如表 5.49 所示。

**表 5.49　评价分级标准**

| 级别 | 分值 | 状态描述 |
|---|---|---|
| 理想状态 | 1.0~0.8 | 灌区水资源充足,地表水、地下水开发程度合理,地下水位埋深适宜,水质、土质优良,灌溉设施完好,灌溉系统运行正常,生物多样性丰富,植被覆盖率高,生态系统稳定,居民节水与环保意识强烈 |
| 良好状态 | 0.8~0.6 | 灌区水资源较充足,地表、地下水开发程度较合理,水质、土质良好,灌溉系统运行正常,生物多样性和植被覆盖率高,居民有节水与环保意识 |

| 级别 | 分值 | 状态描述 |
|---|---|---|
| 正常状态 | 0.6～0.5 | 灌区水资源在现阶段较充足,地表、地下水开发程度仍在合理范围,水质、土质状况符合标准,灌溉系统大部分运行正常,生物多样性和植被覆盖率较好,大部分居民有节水与环保意识 |
| 警戒状态 | 0.5～0.4 | 灌区水资源在未来几年将出现紧张,地表、地下水开发程度达到极限,水质、土质状况达到标准值最低限,灌溉系统能勉强正常运行,生态系统脆弱,居民的节水与环保意识不强 |
| 较差状态 | 0.4～0.2 | 灌区水资源处于紧缺状态,地表、地下水开发程度不合理,水质、土质污染较严重,部分灌溉设施存在损坏,部分灌溉系统不能正常运行,生态系统遭到破坏,大部分居民没有节水与环保意识 |
| 恶劣状态 | 0.2～0.0 | 灌区水资源极度紧缺,地表、地下水过度开发,水质、土质污染严重,灌溉设施严重损坏,灌溉系统不能正常运行,生态系统严重破坏,居民没有节水与环保意识 |

2007 年解放闸灌域环境效应评价结果如表 5.50 所示。环境总效应得分为 0.48,根据评价分级标准,该灌域环境处于警戒状态,接近正常状态。其中,灌域水环境处于正常状态,但已接近警戒状态,说明目前灌域水资源利用程度已经很高,由于黄河水的逐年减少,解放闸灌域分配水量将逐年降低,如不提高节水灌溉效率,灌域将面临水资源短缺的现象;灌域土环境处于正常状态,说明灌域土壤状况处于正常水平,由于灌域近年来逐渐加大节水灌溉面积,使得地下水位有所下降,土壤盐渍化程度明显降低;灌溉系统效率处于较差状态,灌域虽然不断增加节水灌溉面积,但总体上节灌率还较低,灌溉水利用系数偏低,农业耗水量偏大;灌区生态环境处于恶劣状态,由于解放闸灌域地处我国西北干旱区,紧邻毛乌素沙地,周边生态环境恶劣;节水与环保意识处于较差状态的底限,接近恶劣状态,由于灌域多年来引用黄河水形成的大水漫灌的习惯,灌区居民节水与环保意识很低。

**表 5.50　2007 年解放闸灌域环境效应评价结果**

| 评价项 | 效应值 | 状态 |
|---|---|---|
| 综合效应 | 0.48 | 警戒状态 |
| 灌域水环境 | 0.51 | 正常状态 |
| 农田土环境 | 0.56 | 正常状态 |
| 灌溉系统效率 | 0.39 | 较差状态 |
| 灌区生态环境 | 0.15 | 恶劣状态 |
| 节水与环保意识 | 0.20 | 较差状态 |

　　据上述评价结果与分析,对解放闸灌域给出以下建议:在水环境方面,应继续加大节水灌溉力度,进一步提高灌溉水利用效率,以应对黄河引水量配额减少的趋势;在土环境方面,同样应继续增加节水灌溉面积,使地下水位保持在适宜的高度,进一步改善土壤盐渍化,同时还应适当进行土壤培肥;在灌溉系统效率方面,应继续加大投资用于灌溉系统的续建配套和节水改造,提高灌溉系统运行效率,提高水分生产效率;在生态环境方面,应加强沙漠边缘固沙植被以及农田防护林的建设,防止风力侵蚀和沙漠入侵;在节水与环保意识方面,应加大宣传力度,注重环保知识教育,提高居民素质,同时严格执行水资源与环境方面的政策与法律,可采取一定的经济措施,做到奖惩分明。

# 5.5　小　　结

　　构建了灌区节水改造环境效应评价指标体系及评价方法,发展了用于灌区节水改造环境效应评价的灌区水平衡分析方法,开发了灌区节水改造环境效应综合评价系统,并对典型灌区(北京大兴井灌区及内蒙古河套灌区解放闸灌域)节水改造环境效应进行了综合评价,主要结论如下:

　　(1) 构建了反映灌区节水改造环境效应的多层次、多目标评价指标体系,建立了模糊层次分析评价模型,采用多层次、多目标模糊优选方法,由低到高进行逐层计算,获得了较为全面的环境影响信息,较全面地了解了被评价灌区的环境状况,为指导今后建立生态健康型、环境友好型的灌区提供参考。

　　(2) 采用水平衡模型对选定灌区的现状水量平衡状况进行了模拟计算。大兴井灌区采用国际灌排委员会推荐的分区集总式水平衡模型 CPSP,通过对模型参数的率定的验证,得到了 2004~2005 年灌区地表水和地下水的各水平衡分量。在内蒙古河套灌区采用清华大学等单位开发的四水转换模型,得到了解放闸灌域现状的用水、耗水、排水和地下水变化情况,为灌区环境效应综合评价提供了水量方面的基础数据。

　　(3) 开发了"灌区节水改造环境效应综合评价系统",形成了能够表示不同类型灌区节水改造环境影响评价方法和结果的开放式综合评价平台,利用该平台系统对大兴井灌区和河套渠灌区进行了节水改造环境效应的初步分析和评价。

　　(4) 2004 年大兴井灌区环境效应综合指数为 0.59,处于正常状态。其中,灌区水环境处于警戒状态,农田土环境处于良好状态,灌溉系统效率处于良好状态,灌区生态环境处于恶劣状态,节水与环保意识处于较差状态。

　　(5) 2007 年河套灌区解放闸灌域环境效应综合指数为 0.48,处于警戒状态。其中,灌区水环境处于正常状态,农田土环境处于正常状态,灌溉系统效率处于较差状态,灌区生态环境处于恶劣状态,节水与环保意识处于较差状态。

# 参 考 文 献

[1]　郭宗楼,雷声隆,等. 排灌工程项目环境影响评价. 中国农村水利水电,1999,(5):7—10.

[2]　雷波,姜文来. 节水农业综合效益评价研究进展. 灌溉排水学报,2004,23(3):65—69.

[3]　冯广平. 干旱内陆河灌区水分检测与综合效益评价研究. 乌鲁木齐:新疆农业大学,2006.

[4]　张会敏,李占斌,等. 灌区续建配套与节水改造效果多层次多目标模糊评价. 水利学报,2008,(2):212—217.

[5]　Johnson C C Jr. Environmental assessment for Lampsar/Diagambal Irrigated Perimeter Project-Senegal:AID Project No. 628-0702. Prepared for the U. S. Agency for International Development,1977:48.

[6]　Manoliadis O G,Vatalis K I. An environmental impact assessment decision analysis system for irrigation systems//The 8th International Conference on Environmental Science and Technology, Lemnos, 2003.

[7]　葛书龙. 灌区在指标的选取及灰关联分析. 农田水利与小水电,1993,(4):13—18.

[8]　候维东,徐念榕. 井灌节水项目综合评价模型及其应用. 河海大学学报,2000,(3):90—94.

[9]　姚杰,郭宗楼,等. 灌区节水改造技术经济指标的综合主成分分析. 水利学报,2004,(10):106—111.

[10]　黄修桥,李英能. 节水灌溉技术体系的发展对策研究. 农业工程学报,1999,(1):118—123.

[11]　罗金耀,陈大雕. 节水灌溉综合评价理论与模型研究. 节水灌溉,1998,(4):1—5.

[12]　World Bank. Environmental Assessment Sourcebook. Technical Report No. 140, Volume-II,1991.

[13]　Dee N, et al. An environmental evaluation system for water resources planning. Water Resources Research,1973, 9:523~535.

[14]　Abu-Zeid K, Bayoumi M, Mohammad N,et al. Assessment of environmental Impacts for Irrigation Projects:A Decision Support System. World Commission on Dams (submission serial No. opt081),1999.

[15]　Rule-based screening-level EIA. Environmental Software & Services. (www. ess. co. at/EIA) Center for Environment and Development for the Arab Region and Europe-Environment Impact Assessment Decision Support System.

[16]　吴景社,康绍忠,等. 节水灌溉综合效应评价指标的选取与分级研究. 灌溉排水学报,2004,23(5):17—19.

[17]　水利部科技教育司,等. 灌排工程新技术(下册). 武汉:中国地质大学出版社,1993:267—268.

[18]　罗金耀. 节水灌溉技术指标与综合评价理论及应用研究. 武汉:武汉水利电力大学, 1997.

[19]　罗金耀,陈大雕. 节水灌溉工程模糊综合评价研究. 灌溉排水,1998,(2):16—21.

[20] Angel U，Matilde B. A modeling-GIS approach for assessing irrigation effects on soil salinization under global warming conditions. Agricultural Water Management，2001，(50):53—63.

[21] 赵竞成,等. 农业高效用水工程及材料设备综合评价体系,2002.

[22] 吴景社,康绍忠,等. 节水灌溉综合效应评价研究进展. 灌溉排水学报,2003,22(5):42—46.

[23] 刘增进,张治川,等. 节水灌溉项目环境影响评价. 节水灌溉,2003,(4):1—3.

[24] 张凡,窦立宝. 区域性农业综合开发项目环境影响评价方法的研究. 农业环境与发展,2003,(5):35—37.

[25] 尉元明,朱丽霞,等. 农业节水灌溉环境影响系统分析. 中国沙漠,2004,24(5):611—615.

[26] 王景雷,吴景社. 节水灌溉评价研究进展. 水科学进展,2002,13(4):521—525.

[27] 闫风茹,申玉兰. 略论综合评价方法. 山西统计,2003(1):16—17.

[28] 苏友华. 多指标综合评价理论及方法问题研究. 厦门:厦门大学,2000:9—12,84—111.

[29] 张于心,智明光. 综合评价指标体系和评价方法. 北方交通大学学报,1995,19(3):393—400.

[30] 谢乃明,刘思峰. 灰色层次分析法及其定位求解. 江南大学学报,2004,3(1):87—89.

[31] 水利部水土保持监测中心. 水土保持监测指标体系. 北京:中国水利水电出版社,2006.

[32] 国家技术监督局,国家环保局. 农田灌溉水质标准(GB 5084—92).

[33] 国家技术监督局,国家环保局. 土壤环境质量标准(GB 15618—1995).

[34] 国家环境保护总局. 生态环境状况评价技术规范(试行)(HJ/T 192—2006).

[35] 北京市大兴区水资源规划办公室. 北京市大兴区水资源综合规划,2004.

# 第 6 章 基于生态健康和环境友好的
## 灌区节水改造模式

生态健康与环境友好的灌区节水改造模式,关键在于控制节水阈值、尤其是渠系防渗率和灌溉水利用系数提高的阈值的确定。以灌区水循环和水平衡原理为基础,构建了用于评价灌区节水改造环境效应的四水转化模型。以新疆叶尔羌灌区和山东位山灌区为例,利用四水转化模型分析了西北干旱区及引黄灌区节水改造对水循环的影响,得到了基于生态健康和环境友好的灌区节水改造模式。

## 6.1 四水转化模型

### 6.1.1 四水转化模型概述

四水转化模型(four water transfer,FWAT)是开展灌区耗水分析的重要工具。FWAT 为概念性水文模型,它以水循环和水平衡原理为理论基础,用各种参数表示蒸发能力、土壤类型等影响四水转化的因子。计算过程中,把计算单元或者流域(区域)看成一个系统,把降水、蒸发、地表水、土壤水、地下水以及农业生态和灌溉等视为既相互联系、又相互制约的各种子系统[1]。

以水量平衡为基础,模型模拟时,灌溉水量(含地表水、地下水)为已知(或设定);应用 Penman-Monteith 公式计算潜在腾发量(参考作物腾发量),再按作物和植被组成及生长状况,得到作物最大耗水能力;在此基础上,进行各单元水量平衡分析及单元间水量交换计算。水均衡单元主要有灌溉地的土壤水、地下水;非灌溉地(包括自然植被、荒地、洼地三类)的土壤水、地下水;城乡生活工业用水及水库等[2,3]。模型涉及水量的迁移、转化、消耗等过程,是一个复杂的模拟系统。四水转化模型结构如图 6.1 所示。

### 6.1.2 四水转化模型结构与设计

1. 河道水量平衡子模型

在四水转化模型中,河道是供水水源,又有输水作用,在水量转化和平衡中有重要作用。根据分区,将河道分为若干河段(分段的节点一般应是有实测资料的水文断面),河段的水量平衡关系如下:

$$RFI - RFO - RDI - REV - RG + RGG - RSS + \varepsilon = 0 \qquad (6.1)$$

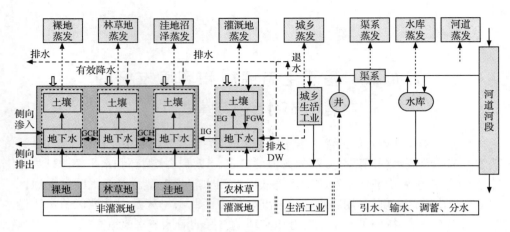

图 6.1　四水转化模型结构图

式中,RFI、RFO 分别为上下游断面的流入、流出水量;RDI 为灌溉引水量;REV 为河段蒸发量;RG 为河段河水与地下水之间转化量;RGG 为回归水量(包括灌区排水和泉水出流补充河段);RSS 为计算时段始末河段蓄变量(蓄水为正,泄水为负);ε 为计算误差项。

2. 渠系水量平衡子模型

若渠系总引水量为 TOTDIV(模拟计算时包括从河道引水直接灌溉水量、水库的灌溉供水量和农田灌溉地下水开采量),利用渠系水利用系数 η 来表示渠系输水的水量损失和利用的程度,则总引水量乘以渠系水利用系数即为到达田间的水量。

总引水量减去到达田间的水量为渠系输水的水量损失,包括:

(1) 由于管理及工程的原因,渠系损失水量中,有一部分为退水,退水可以是直接退入河道,或通过排水沟排出。退水量大小和灌溉管理水平、渠系工程配套状况有关,根据实测或调查确定,计算时利用退水系数表示。

(2) 渠系水面蒸发,根据渠系输水流量、输水时间等来确定。

(3) 渠系入渗补给地下水水量。渠系水量损失扣去退水损失、水面蒸发后为渠系渗漏损失。渠系渗漏损失由两部分组成,一部分即渠系入渗补给地下水,常用入渗补给系数表示,入渗补给系数是渠系入渗补给地下水的水量与渗漏水量的比值。

(4) 渠系入渗补给土壤水(土壤蒸发),是渠系渗漏损失的另一部分,等于渠系渗漏减去入渗补给地下水水量。

3. 水库水量平衡子模型

水库从河道中取水,向灌区供水,入库与出库水量差为水库水量损失,包括水库的水面蒸发和渗漏。水库水量平衡相关项有:水库从河段引流量(SRI)、水库蓄水变化量(SRS)、水库水面蒸发量(REV)、水库渗漏量(SSP)和水库出流(供水给灌溉单元)(SRO),其方程式可列为

$$SRI - REV - SSP - SRS - SRO = 0 \tag{6.2}$$

对于较长时段,可以认为水库的总损失 SS 为水库的入流减去水库的出流:

$$SS = REV + SSP = SRI - SRO \tag{6.3}$$

在求出水库的总损失之后,根据水库总损失进一步分析水库损失中蒸发损失和渗漏损失所占的比例。由于研究区水库大多为平原水库,可假定水库水面面积和水库的库容呈线性关系,水库月渗漏和水库库容亦成线性,于是有下列方程式:

$$REV = AREA \cdot ET_0 = (freva \cdot RVOL + frevb) \cdot ET_0 \tag{6.4}$$

$$SSP = fseepa \cdot RVOL + fseepb \tag{6.5}$$

式中,AREA 为水库水面面积($m^2$);$ET_0$ 为水面蒸发(mm/月);freva、frevb 为水库面积-库容关系参数;RVOL 为水库蓄水量($m^3$);fseepa、fseepb 为水库渗漏-库容关系参数。

### 4. 灌溉地水量平衡子模型

灌溉地的水分转化过程包括有地面入渗、作物蒸腾、地面蒸发以及土壤水和地下水之间的相互转化。灌溉地在垂直方向分为三层,分别为上土壤层、下土壤层和地下水层。

土壤层为灌溉地土壤中水分转化最活跃部分,上土壤层模拟表层土壤,灌溉时最先充满,有水时蒸发不受土壤的胁迫,该层土壤蓄水容量(最大蓄水量)记为WUM(mm),土壤蓄水量记为 WU(mm)。在该层发生的主要物理过程有灌溉和降水 $I+P$,上土壤层腾发 EU,下渗到下土壤层水量 FWM。

下土壤层模拟地下水位以上非表层土壤,其腾发受到土壤的胁迫作用,该层土壤蓄水容量(最大蓄水量)记为 WMM(mm),土壤蓄水量记为 WM(mm)。在该层发生的主要物理过程有从上层入渗水量 FWM,下土壤层腾发 EM,下渗到地下水层水量 FGW。灌溉地的腾发量计算只设置上土壤层腾发项和下土壤层腾发项,在亏缺灌溉时如果地下水埋深比较浅,毛管水 EG 上升(潜水蒸发)到下土壤层供作物腾发。在灌溉地模型中用上、下土壤层蓄水量作为特征状态变量来描述土层对外部因素(灌溉、腾发能力等)的响应。

地下水层指地下水位以下的饱和土壤层。该层发生的主要物理过程有灌溉补给地下水层的水量(通过下土壤层),地下水的蒸发(潜水蒸发)和地下水排水,地下水补给和消耗的变化将影响到地下水埋深的变化。

模型所假设的灌溉地剖面以及所发生的水文物理过程如图 6.2 所示。

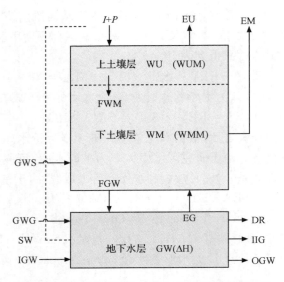

图 6.2　灌溉地剖面及主要水文物理过程示意图

灌溉地模型中灌溉地的补给水量有灌溉水量 $I$,降水 $P$,地下水侧向补给 IGW,渠系、河道与水库渗漏对灌溉地地下水的补给 GWG,渠系、河道与水库渗漏对灌溉地土壤水的补给 GWS;灌溉地的散耗水量有上土壤层腾发 EU,下土壤层腾发 EM,排水 PD,地下水的开采量 SW,灌溉地与非灌溉地地下水交换量 IIG,地下水侧向排出 OGW。与灌溉地相关的水文要素还有上土壤层渗入下土壤层水量 FWM、下土壤层渗入地下水层水量 FGW 和毛管水上升(潜水蒸发)补给下土壤层的水量(供作物消耗)EG。灌溉地模型中各项水文要素的计算如下。

1) 灌溉水量 $I$

灌区大量从河道引水进行灌溉(模拟时还包括从水库的引水量和地下水开采量),其引水水量 $R$ 是已知的(实测或设定),引水到达灌溉地时有渠系损失,因此进入灌溉地水量按下式计算:

$$I = R\eta \tag{6.6}$$

式中,$\eta$ 为渠系水利用系数,由地表水监测以及渠道渗漏试验得到。

2) 退水量 TUI

考虑到灌区的实际情况,由于管理不善等原因,事实上有部分引来的水没有送到田间,而是作为退水进入了排水系统。因此模型中设定退水系数 TCEFF,将渠系损失量的 5%~15%作为退水直接计入排水量,因此退水量按照下式计算:

$$\text{TUI} = \text{TCEFF} \cdot R \cdot (1 - \eta) \tag{6.7}$$

式中,TCEFF 为退水系数。

3）腾发能力 ET

灌溉地蒸散发能力 ET 是指在长势良好、充分供水条件下的作物最大耗水量，可以通过气象因子计算求得，也可按蒸发皿观测值估计。

不同的作物、作物的不同生育阶段其腾发能力不同，灌溉地腾发能力按下式计算：

$$\mathrm{ET}_i = K_{Ci} \cdot \mathrm{ET}_0 \qquad (6.8)$$

式中，$K_{Ci}$ 为不同作物耗水系数；$\mathrm{ET}_0$ 为根据气象资料用 Penman-Monteith 公式计算得出的潜在蒸发量（或参考作物腾发量）。

4）毛管水上升补给作物水量 EG

毛管水上升水量即潜水蒸发量，分单元进行计算，采用清华大学等单位对新疆地下水潜水蒸发研究的潜水蒸发分段拟合公式进行估算：

$$\mathrm{EG}_1 = E_0 \, \mathrm{e}^{\alpha(H-r)} \qquad (6.9)$$
$$\mathrm{EG}_2 = \beta(H-r)^\gamma \qquad (6.10)$$

式中，$E_0$ 为水面蒸发量；$H$ 为地下水埋深（m）；$r$ 为作物平均根系深度（m）；$\alpha$、$\beta$、$\gamma$ 分别为不同土壤下潜水蒸发参数。

$\mathrm{EG}_2$ 为相对埋深 $H$ 时的最大（或极限）潜水蒸发量，当 $\mathrm{EG}_1 \leqslant \mathrm{EG}_2$ 时，毛管水上升补给作物水量 $\mathrm{EG} = \mathrm{EG}_1$；当 $\mathrm{EG}_1 > \mathrm{EG}_2$ 时，毛管水上升补给作物水量 $\mathrm{EG} = \mathrm{EG}_2$。

5）渗漏补给水量 GWG、GWS

通过渠系、河道和水库的水量平衡分析，得到各自的渗漏水量。根据经验判断或监测分析，将渗漏水量分解为对土壤水的补给量 GWS 和对地下水的补给量 GWG。

6）地下水侧向流入和侧向流出量 IGW、OGW

根据地下水侧向流入和流出断面的渗流面积、水力坡降（由等水位线得到）、导水系数等参数，可估算地下水侧向流入量 IGW 和侧向流出量 OGW。

7）上土壤层计算

降雨 $I$ 和灌溉水量 $P$ 先补充上土壤层，超过上土壤层的容量则下渗到下土壤层，即

如果 $\mathrm{WU} + (I+P) > \mathrm{WUM}$，则

$$\mathrm{FWM} = \mathrm{WU} + (I+P) - \mathrm{WUM} \qquad \mathrm{WU} = \mathrm{WUM}$$

否则

$$\mathrm{FWM} = 0 \qquad \mathrm{WU} = \mathrm{WU} + (I+P)$$

上土壤层腾发不受土壤胁迫，如果蒸发能力 ET 大于上土壤层水量 WU，则上土壤层水全部腾发完，剩余蒸发能力 $\mathrm{ET}'$ 将腾发下土壤层水量，即

如果 $\mathrm{ET} > \mathrm{WU}$，则

$$WU = 0 \qquad EU = WU \qquad ET' = ET - EU$$

否则

$$WU = WU - ET \qquad EU = ET \qquad ET' = 0$$

8) 下土壤层计算

上土壤层下渗水量 FWM、渗漏补给土壤水水量 GWS 补充下土壤层,超过下土壤水层的容量则下渗到地下水层,即

如果 WM+FWM+GWS>WMM,则

$$FGW = WM + FWM + GWS - WMM \qquad WM = WMM$$

否则

$$FGW = 0 \qquad WM = WM + FWM + GWS$$

毛管水上升补充下土壤层,如果超过下土壤层的容量,则设置毛管水上升量为补充到下土壤层的容量,即

如果 WM+EG>WMM　则

$$EG = WMM - WM \qquad WM = WMM$$

否则

$$WM = WM + EG$$

根据下土壤层含水量计算下土壤层腾发:

$$EM = K_S \cdot ET' \tag{6.11}$$

式中,$K_S$ 为下土壤层供水系数;$ET'$ 为剩余蒸发能力。

下土壤层供水系数 $K_S$ 反映了下土壤层饱水状况,可以根据下土壤层储水量来确定:

$$K_S = WM' / WMM \tag{6.12}$$

式中,$WM'$ 为下土壤层储水量在时段内的平均值;WMM 为下土壤层储水容量。

9) 地下水库水位变化 $\Delta H$

土壤入渗到地下水的水量引起灌溉地地下水位抬升,当地下水位上升到灌溉地排水沟以上时,产生地下水基流排泄量 DR。灌溉地地下水位升高,而非灌溉地的陆面蒸发和生态植被的腾发导致地下水下降,从而形成灌溉地地下水向非灌溉地的迁移量 IIG。灌溉地的抽水对灌溉地地下水平衡也有影响,因此抽水量 SW 也必须加以考虑。

地下水埋深变化计算式为

$$\Delta H = \frac{\Delta GW}{1000\mu} \tag{6.13}$$

式中,$\Delta GW$ 为地下水库蓄量变化(mm);$\mu$ 为土壤给水度;$\Delta H$ 为地下水埋深变化(m)。

地下水的蓄量变化 $\Delta GW$ 为时段内地下水的补给量(GWG、IGW、FGW)和消

耗量(EG、SW、DR、IIG、OGW)之差。

10) 灌溉地地下水基流排泄量 DR

灌溉地地下水位上升到灌溉地排水沟以上时,地下水基流排泄量采用下式进行计算:

$$DR = PD \cdot A \cdot (H_0 - IH) \qquad (6.14)$$

式中,PD 为排水系数,根据灌区单位面积上排渠长度和灌区土壤性质等确定;$A$ 为排水沟所控制的面积;$H_0$ 为排水沟深度;IH 为灌溉地地下水埋深(m)。

11) 灌溉地与非灌溉地地下水交换量 IIG

灌溉地与非灌溉地地下水交换量采用下式进行计算:

$$IIG = CWL \cdot (H - IH) \cdot AI \qquad (6.15)$$

式中,CWL 为灌溉地、非灌溉地地下水交换参数,由灌溉地和非灌溉地的分布和研究区土壤性质确定;AI 为灌区内灌溉地面积;$H$、IH 为灌溉地、非灌溉地平地下水埋深(m)。

5. 非灌溉地水量平衡模型

为模拟非灌溉地的水量转化和消耗,非灌溉地在垂直方向分为两层,即土壤层和地下水层。非灌溉地土地类型复杂,不同的下垫面对非灌溉地的水分散耗影响很大,因此根据非灌溉地土地利用类型把非灌溉地划分为不同单元(洼地或湿地沼泽、自然植被、裸地、其他)进行计算。模型所假设的非灌溉地剖面以及所发生的水文物理过程如图 6.3 所示。

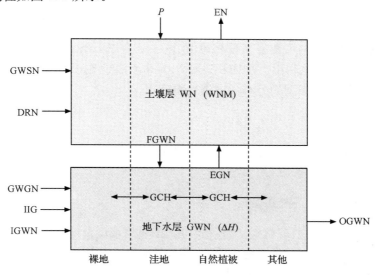

图 6.3 非灌溉地剖面及主要水文物理过程示意图

非灌溉地不灌溉,没有灌溉水量 $I$。补给水量有降水 $P$,渠系、河道与水库渗漏对非灌溉地地下水的补给 GWGN 和对非灌溉地土壤水的补给 GWSN,灌溉地与非灌溉地地下水交换量 IIG,地下水侧向流入 IGWN,排水汇入(主要在洼地)DRN。

非灌溉地的散耗水量主要是非灌溉地陆面蒸发量(土壤层蒸发)EN,还有非灌溉地的地下水侧向排出 OGWN。与非灌溉地相关的水文要素还有非灌溉地各类土地之间的交换量 GCH,土壤层渗入地下水层水量 FGWN 和毛管水上升(潜水蒸发)补给土壤层的水量 EGN。

非灌溉地的水量平衡,除了土壤只分一层外,其他与灌溉地基本相同。此外,需考虑非灌溉地的洼地、自然植被和裸地之间的水量交换。

在非灌溉地,自然植被的蒸发强烈,导致地下水位下降迅速,从而获得较多的地下水补充;洼地由于地势偏低积水,通常是灌区排水排盐集中地。模型为非灌溉地每种土地利用类型设置了高程相对值,以各种土地利用类型地下水位之差估算他们之间的侧向交换水量 GCH。

对于洼地设置地面积水。当排入洼地的水量过多使得洼地地下水位抬升到地面以上时,形成洼地地面积水。

各土地利用类型间由于地势高低、植被蒸腾作用强弱不同引起的地下水交换的量 $GCH_i$:

$$GCH_i = PGW(H_i - h_i - HNI)A_i \qquad (6.16)$$

其中

$$HNI = \frac{(H_1 - h_1)A_1 + \cdots + (H_n - h_n)A_n}{A_1 + \cdots + A_n}$$

式中,$H_i$ 为该类土地利用类型高程相对值(m);$h_i$ 为该类土地利用类型地下水埋深(m);$A_i$ 为该类土地利用类型面积;PGW 为非灌溉地地下水交换参数,根据非灌溉地各种土地利用类型的分布和土壤性质确定。

### 6. 降水模型

根据逐月雨量资料,设置产流阈值,并概化为每月 2 次降水,与灌溉交错发生,模型设置的时间步长为 5d。

### 7. 城乡用水水量平衡模型

在灌区水文过程中,现状生活、牲畜饮用、工业用水量及环境的用水量并不大,但是该部分水量是必需优先考虑供给的,而且随着社会经济的发展,其用水量必然呈增加趋势,为此模型设置了城乡用水模块。为了简化计算,生活用水按照人口数量和居民生活用水定额估算,牲畜用水根据年末牲畜存栏数(折成标准畜)和用水定额估算,工业用水根据工业产值和万元产值用水量来估算。

城乡用水来自地下水的开采、亦有引用地表水供给。其用水量中一部分消耗,一般用耗水率估算;一部分为排放的废污水,可就近进入河道、进入排水系统、排到区内非灌溉地(主要是洼地)、地下水或排到区外。

# 6.2　叶尔羌灌区现状年四水转化模型分析

## 6.2.1　叶尔羌灌区概况

叶尔羌河发源于喀喇昆仑山脉,由南向北经新疆维吾尔自治区喀什地区、克孜勒苏柯尔克孜自治州、阿克苏地区等 3 个地州 8 个县,在阿克苏地区的阿瓦提县境内与阿克苏河汇合后汇入塔里木河,河流全长 1179 km,是塔里木河的主要源流之一。

根据 2000 年的统计资料,叶尔羌河平原绿洲总面积 15111 km²,其中社会经济用地 5523 km²,约占总面积的 36.5%;自然生态用地 9588 km²,约占总面积的 63.5%,如表 6.1 所示。

表 6.1　2000 年土地利用情况(单位:km²)

| 分类 | 社会经济用地 | | 自然生态用地 | | | | 合计 |
|---|---|---|---|---|---|---|---|
| | 灌溉地 | 建筑用地 | 水面 | 自然植被 | 沼泽地 | 沙丘戈壁 | |
| 面积 | 4944 | 579 | 1127 | 6425 | 625 | 1411 | 15111 |

叶尔羌河平原绿洲的水资源主要为山区流入绿洲的地表径流。叶尔羌河流域包括叶尔羌河(简称叶河)、提孜那甫河(简称提河)、乌鲁克河(简称乌河)、柯克亚河(简称柯河)四条河流。叶河与提河出山口水文站为国家水文站,控制的径流量占全山区总来水量的 98.7%,径流资料可靠(表 6.2)。

表 6.2　叶尔羌河流域出山口水文站年径流量统计特征(径流量单位:10⁸m³)

| 河流 | 水文站 | 多年平均径流量 | Cv | Cs | 最大年径流量 | | 最小年径流量 | | 最大/最小 |
|---|---|---|---|---|---|---|---|---|---|
| | | | | | 径流量 | 年份 | 径流量 | 年份 | |
| 叶尔羌河 | 喀群 | 65.37 | 0.19 | 2.32 | 95.55 | 1994 | 44.67 | 1965 | 2.14 |
| 提孜那甫河 | 玉孜门勒克 | 8.25 | 0.18 | 3.83 | 11.90 | 1993 | 5.85 | 1965 | 2.03 |
| 乌鲁克河 | 乌鲁克河 | 0.82 | 0.07 | 0.21 | 0.88 | 1999 | 0.70 | 1995 | 1.24 |
| 柯克亚河 | 柯克亚河 | 0.78 | 0.47 | 1.40 | 1.25 | 1996 | 0.32 | 2000 | 3.90 |
| 叶河+提河 | | 73.88 | 0.18 | 2.81 | 105.16 | 1994 | 50.52 | 1965 | 2.08 |
| 流域合计 | | 75.48 | | | | | | | |

### 6.2.2　叶尔羌灌区四水转化模型设定

根据自然行政分区(喀什地区与农三师)及其地理位置,将整个叶尔羌河平原绿洲划分成 7 个分区[4],如图 6.4 所示。

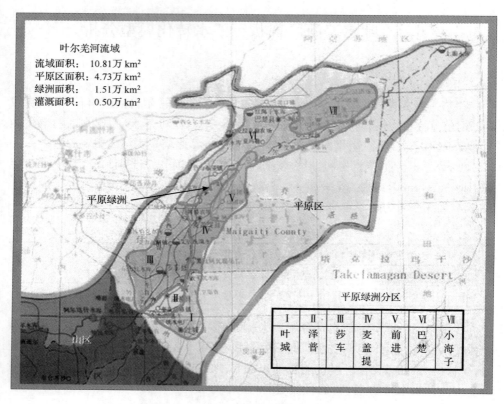

叶尔羌河流域
流域面积：　10.81万 km²
平原区面积：4.73万 km²
绿洲面积：　1.51万 km²
灌溉面积：　0.50万 km²

平原绿洲分区

| I | II | III | IV | V | VI | VII |
|---|---|---|---|---|---|---|
| 叶城 | 泽普 | 莎车 | 麦盖提 | 前进 | 巴楚 | 小海子 |

图 6.4　叶尔羌河平原绿洲分区示意图

应用四水转化模型,对叶尔羌河平原绿洲现状的水资源转化和消耗进行模拟分析,以取得不同分区和不同土地利用类型的耗水量及耗水过程。模拟分析是在现状的已知前提、条件和经验参数取值的情况下进行的[5~8]。

**1. 土地利用**

(1)模拟分析时将土地利用划分为灌溉地、非灌溉地两大类;非灌溉地又划分成水面、洼地、自然植被和裸地。

(2)由各县各分区的详查和统计资料,可整理汇总各分区灌溉地的作物种植与林草灌溉面积。

2．人口、工业与用水

（1）根据统计与调查资料，汇总各县各分区的人口、工业产值等资料。

（2）根据本地和类似地区的统计和经验，确定人畜用水、工业用水的用水指标和相应的耗水率指标；计算人畜用水和工业用水的用水量和耗水量。

3．来水与水资源利用

（1）1998～2002 年现状来水由实测资料获得。

（2）根据实际测量资料整理 1998～2002 年各月各河段各分区的引水量（灌溉引水与水库引水），各河段各分区退入河道的水量。

（3）根据调查统计确定各县各分区的地下水开采量。

4．气象资料

各县气象站 1998～2002 年的观测资料。

5．参考作物腾发量、作物耗水能力计算

（1）应用气象资料计算参考作物腾发量。

（2）根据作物种植面积与比例计算各月的综合作物系数。

（3）根据灌溉地面积和综合作物系数，计算各分区各月作物最大耗水量。

6．河道水量平衡

根据 1998～2002 年河道水文断面测量资料、河段引水量、退水量资料，进行河段水量平衡分析，得到：

（1）各河段各年各月的水面蒸发量、渗漏量和蓄变量。

（2）根据上述结果初步拟合水面蒸发量、渗漏量和蓄变量与断面平均水量关系。

7．水库水量平衡

进行 1998～2002 年的水库水量平衡分析，控制性水库——依干其、苏库恰克、前进和小海子单独进行，其他各县水库汇总进行。

由河段引水量、退水量资料，进行河段水量平衡分析，得到：

（1）根据水库的入库水量、出库水量、蓄水量计算各年各月的水库水面蒸发量、渗漏量和蓄变量。

（2）根据上述结果初步拟合水库水面蒸发量、渗漏量和水库蓄水量关系。

8. 渠系输水

（1）根据现状试验、调查分析资料确定各分区的渠系水利用系数。

（2）根据灌溉引水量（河道引水和水库引水）、渠系水利用系数，计算到达田间的水量和渠道输水损失，根据实际情况将渠道输水损失计为退水（管理原因）、水面蒸发和渠系渗漏三部分。

9. 渗漏水量损失分配

根据实际情况和经验进行渗漏水量的分配。

（1）渠系、河道和水库的渗漏损失设定 75％补给地下水、25％补给土壤水，即入渗补给地下水系数取 0.75。

（2）渠系、河道和水库的渗漏损失部分补给到灌溉地，部分到非灌溉地。

### 6.2.3 叶尔羌灌区现状年耗水模拟结果

1. 灌区总耗水

均衡时段内，进入平原绿洲及各分区的水量有地表引水量 WI，河道渗漏进入分区的水量 RG，地下水侧向补给 GI，有效降雨 $P$；排出的水量有地表流出分区的水量 Dr 和地下水侧向排出量 GO。进入和排出的水量差为计算区耗水量和蓄变量之和，包括灌溉地作物耗水 EF、非灌溉植被耗水 EN0、荒地耗水（潜水蒸发）EN1、洼地蒸发 EN2、水面蒸发 Sev、生活及城镇耗水 EC 及蓄变量 $\Delta W$，即

$$(WI + RG + GI + P) - (Dr + GO) = EF + EN0 + EN1 + EN2 + Sev + EC + \Delta W$$

$$(6.17)$$

根据模拟所得各分区耗水相加得到的绿洲耗水总平衡结果如表 6.3 所示。

**表 6.3　1998～2002 年绿洲耗水总平衡结果**（单位：$10^8 \text{m}^3$）

| 年份 | 进区水量 | | | | | 消耗 | | | | | | | 排出 | | | 蓄变量 |
|---|---|---|---|---|---|---|---|---|---|---|---|---|---|---|---|---|
| | WI | RG | $P$ | GI | Σ | EF | EN0 | EN1 | EN2 | Sev | EC | Σ | Dr | GO | Σ | $\Delta W$ |
| 1998 | 63.5 | 18.7 | 1.1 | 0.5 | 83.8 | 34.8 | 22.7 | 1.0 | 4.3 | 8.1 | 1.9 | 72.8 | 7.3 | 0.7 | 8.0 | 3.0 |
| 1999 | 70.1 | 20.7 | 0.2 | 0.5 | 91.5 | 38.6 | 25.0 | 0.9 | 4.5 | 8.4 | 2.0 | 79.3 | 8.6 | 0.7 | 9.3 | 2.8 |
| 2000 | 69.8 | 16.8 | 0.9 | 0.5 | 88.0 | 39.3 | 25.4 | 1.0 | 4.7 | 8.8 | 2.0 | 81.2 | 8.4 | 0.7 | 9.1 | −2.3 |
| 2001 | 72.8 | 12.8 | 0.6 | 0.5 | 86.7 | 40.0 | 23.4 | 1.0 | 4.6 | 8.7 | 2.1 | 79.9 | 7.7 | 0.7 | 8.4 | −1.5 |
| 2002 | 63.3 | 11.2 | 5.5 | 0.5 | 80.5 | 36.7 | 22.8 | 1.2 | 4.5 | 8.2 | 2.1 | 75.6 | 6.0 | 0.7 | 6.7 | −1.8 |
| 平均 | 67.9 | 16.0 | 1.7 | 0.5 | 86.1 | 37.9 | 23.9 | 1.0 | 4.5 | 8.5 | 2.0 | 77.8 | 7.6 | 0.7 | 8.3 | 0.0 |

2. 灌区分类耗水

1998～2002 年各分区各类土地利用的年耗水(各年 1～12 月之和)模拟结果如表 6.4 所示,将城镇村庄生活与工业耗水、灌溉地的耗水视为社会经济系统耗水,其余为自然生态系统耗水。各分区各年各类土地年耗水量模拟结果如表 6.5 所示。

表 6.4   1998～2002 年分区分类耗水模拟结果(单位:$10^8 \text{m}^3$)

| 分区 | 年份 | 年耗水量 | 社会经济系统 | | | 自然生态系统 | | | | |
|---|---|---|---|---|---|---|---|---|---|---|
| | | | 生活 | 灌溉地 | 小计 | 自然 | 裸地 | 洼地 | 水面 | 小计 |
| 平原绿洲合计 | 1998 | 72.77 | 1.92 | 34.76 | 36.68 | 22.66 | 1.01 | 4.32 | 8.10 | 36.09 |
| | 1999 | 79.35 | 1.96 | 38.61 | 40.57 | 25.01 | 0.90 | 4.45 | 8.42 | 38.78 |
| | 2000 | 81.22 | 2.01 | 39.31 | 41.32 | 25.40 | 1.04 | 4.65 | 8.80 | 39.90 |
| | 2001 | 79.87 | 2.05 | 40.04 | 42.09 | 23.43 | 0.98 | 4.64 | 8.73 | 37.78 |
| | 2002 | 75.58 | 2.11 | 36.68 | 38.79 | 22.84 | 1.25 | 4.47 | 8.23 | 36.79 |
| | 平均 | 77.76 | 2.01 | 37.88 | 39.89 | 23.87 | 1.03 | 4.51 | 8.46 | 37.87 |
| 叶城 | 平均 | 8.06 | 0.33 | 6.07 | 6.40 | 0.76 | 0.08 | 0.16 | 0.65 | 1.66 |
| 泽普 | 平均 | 4.95 | 0.21 | 3.63 | 3.84 | 0.47 | 0.19 | 0.16 | 0.29 | 1.12 |
| 莎车 | 平均 | 20.20 | 0.68 | 11.18 | 11.85 | 4.57 | 0.33 | 1.38 | 2.06 | 8.34 |
| 麦盖提 | 平均 | 10.63 | 0.25 | 5.21 | 5.46 | 4.04 | 0.04 | 0.52 | 0.57 | 5.17 |
| 前进 | 平均 | 3.26 | 0.06 | 1.32 | 1.38 | 0.56 | 0.05 | 0.89 | 0.37 | 1.87 |
| 巴楚 | 平均 | 20.87 | 0.30 | 6.31 | 6.61 | 10.88 | 0.21 | 1.38 | 1.79 | 14.26 |
| 小海子 | 平均 | 9.79 | 0.19 | 4.16 | 4.34 | 2.59 | 0.13 | 0.01 | 2.72 | 5.45 |
| 河道 | 平均 | 1.99 | | | | | | | 1.99 | 1.99 |

表 6.5   1998～2002 年分区各类土地年耗水模拟结果(单位:mm)

| 分区 | 农田耗水 | 自然植被 | 裸地 | 洼地耗水 | 水面蒸发 |
|---|---|---|---|---|---|
| 叶城 | 824 | 317 | 90 | 1563 | 1565 |
| 泽普 | 789 | 405 | 197 | 1308 | 1308 |
| 莎车 | 783 | 521 | 139 | 1263 | 1263 |
| 麦盖提 | 780 | 397 | 34 | 1079 | 1106 |
| 前进 | 668 | 191 | 78 | 272 | 1106 |
| 巴楚 | 764 | 342 | 41 | 1187 | 1387 |
| 小海子 | 663 | 374 | 45 | 968 | 1387 |
| 全区比例 | 47% | 30% | 1% | 6% | 13% |

总体上看,现状社会经济系统(灌溉、生活与工业等)耗水约为总耗水的 50%。由于平原绿洲内上游地区的灌溉地面积比例大、荒地比例小,而下游则相反,因而社会经济系统耗水占总耗水的比例分布为:上游地区(叶城、泽普)约 75%～80%;中游地区(莎车部分、麦盖提)约 50%～60%;下游地区(麦盖提、巴楚、小海子)约 30%～45%。

### 6.2.4　叶尔羌灌区现状年水量平衡结果

1. 灌溉地土壤水平衡模拟结果

四水转化模拟计算分析时,可得到各分区灌溉地土壤水、灌溉地地下水、非灌溉地(洼地、自然植被、裸地)土壤水、非灌溉地地下水的水量转化与消耗的结果,包括各均衡单元的进入水量、排出和消耗水量及土壤和地下水的蓄变量。

以土壤水为中心,进行灌溉地水平衡分析。进入灌溉地的水量主要有到达田间水量 FDIV、有效降雨 $P$、潜水补给水量 EG、渠系、水库、河道渗漏对灌溉地土壤水的补给 Cang、Resg、Rivg;消耗项主要为作物耗水 ETI、渗漏补给地下水量 FGW;土壤水蓄变量 $\Delta S$ 可视为灌溉地水平衡调节项(为正时,土壤蓄水;反之,土壤供水),则灌溉地水平衡式为

$$\text{FDIV} + \text{EG} + P + \text{Cang} + \text{Resg} + \text{Rivg} = \text{ETI} + \text{FGW} + \Delta S \qquad (6.18)$$

1998～2002 年叶尔羌河平原绿洲与各分区灌溉地土壤水均衡结果如表 6.6 所示。

表 6.6　灌溉地作物来水的组成(1998～2002 年平均)

| 分区 | | 田间灌溉 | 有效降水 | 渗漏补给 | 净潜水蒸发 | 合计 |
|---|---|---|---|---|---|---|
| | | FDIV | $P$ | CRRS | GEI | ETI |
| 耗水组成比例/% | 平原绿洲 | 67.0 | 1.7 | 14.4 | 16.9 | 100 |
| | 叶城 | 66.8 | 1.7 | 17.8 | 13.7 | 100 |
| | 泽普 | 86.1 | 2.0 | 17.9 | −6.0 | 100 |
| | 莎车 | 53.3 | 1.7 | 14.8 | 30.2 | 100 |
| | 麦盖提 | 78.0 | 1.4 | 11.6 | 9.0 | 100 |
| | 前进 | 62.6 | 1.6 | 11.7 | 24.1 | 100 |
| | 巴楚 | 80.1 | 1.6 | 9.8 | 8.5 | 100 |
| | 小海子 | 53.8 | 2.0 | 17.2 | 27.0 | 100 |

2. 地下水平衡模拟结果

进入平原绿洲地下水主要有侧向流入量 GWI,河道渗漏补给地下水量 RG、渠系渗漏补给地下水量 CLIG,田间土壤水渗漏补给 FGW,水库渗漏补给 Resg;消耗

和排出项主要有地下水侧向出流 GWO,潜水蒸发 EG,井泉出流量 SW,灌溉地排水 drain;地下水蓄变量 gwb 可视为水平衡调节项(为正时地下水储水量增加,反之储水量减少)。地下水平衡为

$$GWI + RG + CLIG + FGW + Resg = GWO + EG + SW + drain + gwb$$
(6.19)

在四水转化模拟分析时,分别对灌溉地和非灌溉地(洼地、自然植被和裸地)的地下水平衡进行模拟,其中考虑了灌溉地和非灌溉地之间的地下水交换。

1998~2002 年平原绿洲汇总的地下水平衡模拟结果如表 6.7 所示。

表 6.7 1998~2002 年平原绿洲地下水平衡(单位:亿 m³)

| 年份 | 补给 | | | | | | 消耗 | | | | | 蓄变量 |
| --- | --- | --- | --- | --- | --- | --- | --- | --- | --- | --- | --- | --- |
| | Resg | CLIG | RG | GWI | FGW | Σ | EG | SW | GWO | drain | Σ | gwb |
| 1998 | 1.59 | 19.19 | 12.69 | 0.52 | 2.50 | 36.49 | 27.77 | 5.91 | 0.75 | 0.11 | 34.54 | 1.95 |
| 1999 | 1.95 | 21.04 | 13.87 | 0.52 | 6.35 | 43.74 | 32.52 | 6.60 | 0.75 | 1.16 | 41.02 | 2.72 |
| 2000 | 2.32 | 20.72 | 10.91 | 0.52 | 5.23 | 39.70 | 33.71 | 6.83 | 0.75 | 0.36 | 41.64 | −1.94 |
| 2001 | 2.34 | 22.09 | 7.59 | 0.52 | 3.13 | 35.68 | 29.38 | 6.11 | 0.75 | 0.82 | 37.05 | −1.37 |
| 2002 | 1.59 | 19.41 | 7.05 | 0.52 | 3.36 | 31.93 | 25.19 | 6.67 | 0.75 | 0.33 | 32.93 | −1.01 |
| 平均 | 1.96 | 20.49 | 10.42 | 0.52 | 4.12 | 37.51 | 29.71 | 6.42 | 0.75 | 0.55 | 37.44 | 0.07 |

地下水年补给量为 32~44 亿 m³,现状 5 年平均为 38 亿 m³。5 年平均的地下水补给中,渠系渗漏补给约占总补给量的 55%,河道渗漏补给占 28%,田间渗漏补给占 11%,水库渗漏补给占 5%,侧向入渗补给占 1%。地下水年消耗量为 34~42 亿 m³,现状 5 年平均为 38 亿 m³。5 年平均的地下水消耗量中,潜水蒸发占80%,井泉出流占约 17%,侧向出流占 2%,农田排水占 1%。

1998~2002 年平原绿洲年地下水潜水蒸发量模拟结果为 25~34 亿 m³,平均约 30 亿 m³,潜水蒸发补充灌溉地和非灌溉地耗水。潜水蒸发补充灌溉地作物耗水约 11 亿 m³,占潜水蒸发总量的 35%。潜水蒸发补充非灌溉地的蒸发蒸腾约20 亿 m³,占潜水蒸发总量的 65%,是非灌溉地耗水的主要来源。其中,补充自然植被的耗水约 18 亿 m³,占潜水蒸发总量的 58%;补充洼地的耗水约 2 亿 m³,占潜水蒸发总量的 5%;补充裸地的耗水占潜水蒸发总量的 2%。

## 6.3 叶尔羌灌区节水改造模式模型模拟与探讨

### 6.3.1 不同地下水开采量的模拟分析

地下水利用量包括地下水开采量和泉水利用量。泉水可利用量未来趋势是不断地减少,难以预测和确定。现状泉水利用量若为 2.3 亿 m³,设定地下水开采量

为 3 亿 m³、4 亿 m³、5 亿 m³、7 亿 m³、10 亿 m³、15 亿 m³,地下水利用量为:①5.3 亿 m³;②6.3 亿 m³;③7.3 亿 m³;④9.3 亿 m³;⑤12.3 亿 m³;⑥17.3 亿 m³ 共 6 个方案。对于上述每个方案,若泉水利用减少,则相应的地下水开采量增加。灌溉面积设定了 5 个方案,即:①4500km²、675 万亩;②5000km²、750 万亩;③5500 km²、825 万亩;④6000 km²、900 万亩;⑤7000 km²、1050 万亩。因此,进行了共 30 个方案的绿洲四水转化模拟分析,渠系水利用系数采用现状的 0.45。

不同地下水利用量和不同灌溉面积时汇总的绿洲灌溉地年耗水量模拟结果,非灌溉地年耗水 300mm 对应的灌溉地面积如表 6.8、图 6.5 所示。

**表 6.8　不同地下水利用量、不同灌溉面积的灌溉地年耗水量模拟结果**(单位:mm)

| 灌溉面积 /万亩 | 地下水利用量/($10^8$m³/a) | | | | | |
|---|---|---|---|---|---|---|
| | 5.3 | 6.3 | 7.3 | 9.3 | 12.3 | 17.3 |
| 675 | 734 | 739 | 743 | 751 | 765 | 783 |
| 750 | 681 | 687 | 692 | 705 | 720 | 742 |
| 825 | 630 | 635 | 640 | 657 | 679 | 706 |
| 900 | 584 | 588 | 593 | 608 | 635 | 671 |
| 1050 | 522 | 524 | 526 | 537 | 557 | 601 |
| 非灌溉地耗水 300mm 对应的灌溉面积/万亩 | 698 | 713 | 739 | 821 | 930 | |

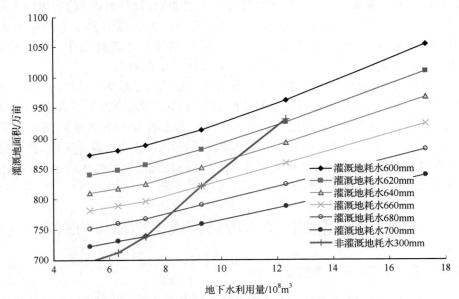

图 6.5　不同地下水利用量灌溉地、非灌溉地年耗水量等值线图(模拟结果)

在图 6.5 中,非灌溉地年耗水 300mm 等值线的下方,非灌溉地耗水小于 300mm,上方大于 300mm。如以地下水利用量 8 亿 m³ 为例,当灌溉面积小于 770 万亩(约)时,灌溉地年耗水大于 685mm(约),但非灌溉地年耗水小于 300mm;当灌溉面积大于 770 万亩(约)时,灌溉地年耗水小于 685mm(约),非灌溉地年耗水大于 300mm;因此若以 300mm 作为非灌溉地的阈值,地下水利用量 8 亿 m³ 时的适宜灌溉面积约为 770 万亩。在渠系水利用系数 0.45 的计算条件下,如果以灌溉地年耗水 650mm 左右、非灌溉地以 300mm 左右为宜,则适宜的灌溉面积为 820~860 万亩,适宜的地下水利用量为 9~11 亿 m³。地下水开采量较大时,模拟中上游分区多发生地下水采补不平衡的情况,地下水开采量的确定应慎重。

### 6.3.2　不同渠系水利用系数的模拟分析

渠系水利用系数设定了 7 个方案,即:①0.42;②0.45;③0.48;④0.51;⑤0.55;⑥0.6;⑦0.65。灌溉面积设定了 5 个方案,即:①4500 km²、675 万亩;②5000km²、750 万亩;③5500 km²、825 万亩;④6000 km²、900 万亩;⑤7000 km²、1050 万亩。因此,进行了共 35 个方案的绿洲四水转化模拟分析,地下水利用量(地下水开采量和泉水利用)设定为 7 亿 m³。

不同渠系水利用系数和不同灌溉面积时汇总的灌溉地年耗水量模拟结果,非灌溉地年耗水 300mm 对应的灌溉地面积如表 6.9、图 6.6 所示。

表 6.9　不同渠系水利用系数、不同灌溉面积的灌溉地年耗水量模拟结果(单位:mm)

| 灌溉面积/万亩 | 渠系水利用系数 | | | | | | |
|---|---|---|---|---|---|---|---|
| | 0.42 | 0.45 | 0.48 | 0.51 | 0.55 | 0.6 | 0.65 |
| 675 | 734 | 742 | 749 | 757 | 766 | 778 | 790 |
| 750 | 680 | 691 | 700 | 709 | 72 | 733 | 747 |
| 825 | 628 | 639 | 650 | 661 | 675 | 692 | 707 |
| 900 | 582 | 592 | 608 | 613 | 628 | 647 | 666 |
| 1050 | 520 | 525 | 533 | 541 | 552 | 568 | 586 |
| 非灌溉地耗水 300mm 对应的灌溉面积/万亩 | | 730 | 785 | 840 | 900 | 970 | |

在图 6.6 中,非灌溉地年耗水 300mm 等值线的下方,非灌溉地年耗水小于 300mm,上方大于 300mm。如以渠系水利用系数 0.5 为例,当灌溉面积小于 820 万亩(约)时,灌溉地年耗水大于 660mm(约),但非灌溉地年耗水小于 300mm;当灌溉面积大于 820 万亩时,灌溉地年耗水小于 660mm(约),非灌溉地年耗水大于 300mm;因此若以 300mm 作为非灌溉地的阈值,渠系水利用系数 0.5 时的适宜灌

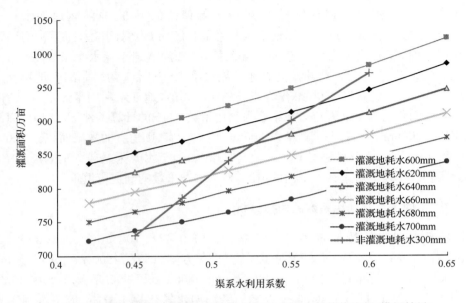

图 6.6　不同渠系水利用系数灌溉地、非灌溉地年耗水量等值线图（模拟结果）

溉面积约为 820 万亩。在地下水利用量 7 亿 m³ 的情况下，如果以灌溉地年耗水 650mm 左右、非灌溉地以 300mm 左右为宜，则适宜的灌溉面积为 820～860 万亩，适宜的渠系水利用系数为 0.5～0.53。当渠系水利用系数较高时，由于地下水补给量的减少，模拟中上游分区多有发生地下水采补不平衡的情况。

### 6.3.3　对叶尔羌灌区节水改造模式的认识

以上对不同地下水利用（开采）量（渠系水利用系数 0.45）和不同的渠系水利用系数（地下水利用量 7 亿 m³）分别进行了平原绿洲水量转化和消耗的模拟与分析，在此基础上得到的初步认识如下：

模拟结果表明，地下水开采量的增加、渠系水利用系数的提高的直接结果主要是增加灌溉的可耗水量，灌溉面积不变即提高其耗水水平（单位面积的耗水量，mm/年），耗水水平不变则可扩大灌溉面积；与此同时，相应地减少了绿洲内自然生态的耗水量与其耗水水平。

由上述初步模拟结果，对叶尔羌河平原绿洲，适宜的地下水开采量（包括泉水利用）约 8～10 亿 m³，渠系水利用系数不宜超过 0.55，灌溉面积控制在 850 万亩以下，以 800 万亩左右为宜。

# 6.4 位山灌区现状年四水转化模型分析

## 6.4.1 位山灌区概况

位山灌区位于山东聊城市的中东部,是我国特大型灌区之一,灌溉面积达 508 万亩,在我国灌溉面积超过 500 万亩的六个特大型灌区中位居全国第 5 位。灌区范围涉及聊城、临清、茌平、高唐、阳谷、东阿和冠县 7 县市 100 个乡镇,总土地面积达 5380km²。灌区始建于 1958 年,1962 年停灌,1970 年恢复引水。灌区渠首设计引水流量 240m³/s(东渠引水 80m³/s,西渠引水 160m³/s)。位山灌区是山东省的重要农业发展区,也是黄河中下游重要的粮棉生产基地。

1. 水资源性缺水严重,水资源供需矛盾突出

灌区的灌溉水源主要来自降水、黄河水、地下水以及一些地表径流。而其中降水产生的河川径流量少且难以利用,黄河水以及地下水是灌区赖以生存与发展的主要水资源。位山灌区是引黄水大户,国务院黄河分水指标山东全省为 70 亿 m³,按规划位山灌区年引黄河水指标仅 7 亿 m³,然而灌区多年平均引黄河水达 11~12 亿 m³[9]。因此灌区主要是依靠超采地下水和超指标引用黄河水来满足灌区灌溉需求的。

2. 水资源开发程度较高,水的利用率较低

灌区内水资源开发利用程度较高,西部区域地下水超采严重;地表水开发虽然还有一定潜力,但开发难度大,成本高。另一方面又存在着惊人的用水浪费。农田灌溉仍以传统的大水漫灌方式为主,灌溉水利用率低,灌区干渠工程配套率为95%,支渠为 50%,田间仅为 20%;工程老化、退化、损坏严重,漏水跑水现象严重,渠系渗漏水量损失较大;工业企业生产工艺落后,水重复利用率低,城市生活和公共用水节水器具推广普及程度低,浪费现象严重。

3. 水污染及水生态环境持续恶化

随着经济的发展,水污染日趋严重,大部分污水未经处理直接排入干支流河道。通过对徒骇河、马颊河及漳卫河基本控制站的水质监测,水质综合评价均为Ⅴ类或超Ⅴ类,属重污染和严重污染河段;东昌府区和莘县、阳谷、茌平、高唐沿徒骇河及支流浅层地下水因地表污水渗漏形成二次污染,已经危及城乡居民生活及身体健康。另外,聊城市西部地下水超采严重,造成地下水位持续下降,2003 年全市地下水埋深大于 6m 的漏斗面积已达 4430km²,占全市面积一半以上,漏斗中心地

下水最大埋深达 22.47m。

### 6.4.2　位山灌区现状年四水转化模型设定与验证

#### 1. 模型设定

以 2000 年为现状年,同时考虑资料收集的困难,将整个灌区作为一个分区。模型需要的基本资料包括土地利用类型、气象、引退水资料等。土地利用分类如表 6.10 所示,降水、蒸发等气象资料如表 6.11 所示[10,11]。

位山灌区 2000 年工业生产总值约为 200 亿元,城市人口 83.87 万,农村人口 470 万;2000 年降水量为 694 mm,属偏丰年份;灌区内有徒骇、马颊两条河流,年产流约 2 亿 m³,少量用于灌溉;2000 年引黄水量为 9.16 亿 m³,地下水开采量约 11.77 亿 m³;据主要作物种植面积及相应的作物系数,经过加权平均得到灌区作物系数(表 6.11)。灌区渠系水利用系数为 0.54[12,13]。

表 6.10　位山灌区土地利用类型与面积(单位:km²)

| 灌溉面积 | | 非灌溉面积 | | | | |
|---|---|---|---|---|---|---|
| 耕地 | 园地 | 林地 | 荒地 | 洼地 | 水面 | 城镇 |
| 3781 | 178 | 190 | 154 | 62 | 300 | 1071 |

表 6.11　位山灌区 2000 年基本资料

| 月份 | 降水量/mm | 水面蒸发量/(mm/d) | 参考作物腾发量/(mm/d) | 作物系数 $K_c$ | 引黄水量/万 m³ |
|---|---|---|---|---|---|
| 1 | 25.7 | 0.8 | 0.6 | 0.42 | 0 |
| 2 | 6.5 | 1.2 | 1.3 | 0.43 | 0 |
| 3 | 1.5 | 2.1 | 3.4 | 0.59 | 31 157 |
| 4 | 40.7 | 3.5 | 4.1 | 0.60 | 46 273 |
| 5 | 28.5 | 3.9 | 4.6 | 0.76 | 9 530 |
| 6 | 95.9 | 4.6 | 5.2 | 0.64 | 2 906 |
| 7 | 245.4 | 4.1 | 4.3 | 0.78 | 1 732 |
| 8 | 88.4 | 3.5 | 3.6 | 0.92 | 0 |
| 9 | 85.8 | 2.8 | 3.3 | 0.72 | 0 |
| 10 | 74.1 | 2.0 | 1.7 | 0.50 | 0 |
| 11 | 1.4 | 1.4 | 1.3 | 0.51 | 0 |
| 12 | 0.0 | 0.9 | 1.0 | 0.46 | 0 |

#### 2. 模型验证

模型输入包括土地利用、气象水文、土壤参数等;模型输出包括耗水、地下水、土壤水等,主要通过地下水埋深对模型进行验证。

位山灌区内茌平县、高唐县两眼观测井的地下水埋深实测值与模型模拟灌区平均地下水埋深对比,如图 6.7 所示。

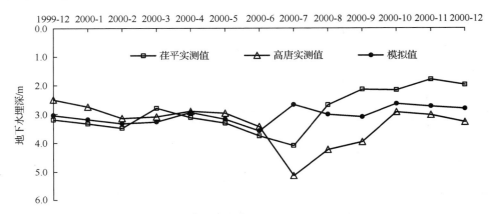

图 6.7　地下水埋深模拟值与观测值对比

由图 6.7 可见,地下水埋深模拟值与实测值大体吻合,只有 7 月的结果差异较大,主要原因是模型中对降水进行了概化,可能与实际降水发生时间不符。

### 6.4.3　位山灌区现状年四水转化模型模拟结果

#### 1. 灌区总体水量平衡与耗水

2000 年进入位山灌区的水量共为 37.6 亿 m³(表 6.12),其中降雨最多,占 65%,此外区外引水(即引黄河水)也占到 24%之多,河道渗漏补给量、过境渠系渗漏补给量和地下水侧向补给分别占 5%、5% 和 1%。

2000 年位山灌区耗水共 36.7 亿 m³(表 6.12),其中灌溉地耗水占 76%,城镇环境耗水占 8%,生态耗水、工业耗水、水面蒸发等,分别占 3%、4%、5%,其余都不足 2%。

2000 年单位面积耗水平均为 639mm(表 6.13),灌溉地耗水为 700mm。生态耗水量较大,为 586mm,表明 2000 年水资源条件相对充沛。

进入位山灌区土壤的水量大概为 37.65 亿 m³,其中降雨是土壤水来源的最主要组成部分,占到 65%,灌溉水量其次,占 23%。土壤水除了被植被消耗约 30 亿 m³外,渗漏补给地下水 4.25m³,余下的差值为土壤水蓄变量。

位山灌区内 2000 年地下水的补给量为 9.9 亿 m³,其中土壤水的下渗补给和过境渠系渗漏补给是地下水的补给主要组成部分,分别占 43% 和 40%,此外河道渗漏补给占 15%,地下水侧向流入约占 2%。地下水消耗量较大,共 14.65 亿 m³,

潜水蒸发 2.87 亿 $m^3$，之外全为地下水开采量，达 11.77 亿 $m^3$，蓄变量负值较大。

**表 6.12　位山灌区 2000 年水量平衡结果**（单位：万 $m^3$）

| 来水 | 河道引水量 | 河道渗漏补给 | 过境渠系渗漏补给 | 地下水侧向补给 | 区外引水 | 降水 | 合计 |
|---|---|---|---|---|---|---|---|
| | 1393 | 20299 | 16631 | 2172 | 91597 | 244012 | 376104 |
| 排水 | 渗漏补给区外 | 地下水侧向排出 | 排出区外水量 | | | | |
| | 0 | 0 | 19971 | | | | 19971 |
| 耗水 | 农田耗水 | 生态耗水 | 荒地耗水 | 洼地耗水 | 水面蒸发 | 工业生活耗水 | |
| | 277050 | 11135 | 5430 | 3432 | 16953 | 52571 | 366571 |
| 蓄变量 | | | | | | | −10438 |
| 降雨产流 | | | | | | | 26057 |

**表 6.13　位山灌区 2000 年各土地类型年耗水**（单位：mm）

| 分区平均 | 农田耗水 | 生态耗水 | 荒地耗水 | 洼地耗水 | 水面蒸发 |
|---|---|---|---|---|---|
| 639 | 700 | 586 | 354 | 553 | 565 |

**2. 灌溉地水量平衡与耗水**

灌溉地耗水是灌区耗水的主要部分。位山灌区的灌溉地耗水共 39.3 亿 $m^3$（表 6.14），占灌区总耗水 75% 以上。主要来自有效降水（59%）以及有效灌溉水量（23%），其余渠系、河道渗漏对灌溉地的补给占 18%，地下水侧向流入很少，不足 1%，共 37.4 亿 $m^3$。蓄变量为 −1.8 亿 $m^3$。

灌溉地的土壤水平衡中灌溉地的地下水平衡中（表 6.16），补给项分别为地下水侧向入流（2%）、土壤水下渗补给（42%），渠系渗漏对地下水的补给（40%）、河道渗漏对地下水的补给（16%），共 8.8 亿 $m^3$。消耗共 13.7 亿 $m^3$，分别为潜水蒸发（16%）、地下水开采（86%）以及向生态区的迁移（−2%）。蓄变量为较大的负数，−4.96 亿 $m^3$。

进入灌溉地土壤的水量共 34.5 亿 $m^3$（表 6.15），分别来自有效降水（64%）、有效灌溉水量（25%），其余为潜水补给（6%），渠系、河道渗漏对土壤水的补给（5%）。土壤水消耗共 31.4 亿 $m^3$，分别为作物耗水（88%）以及土壤水下渗补给地下水（12%）。蓄变量为 3.1 亿 $m^3$。

表 6.14　位山灌区 2000 年灌溉地年水量平衡（单位：万 m³）

| 月份 | 灌溉 | 降雨 | 渠系 | 河道 | 地下水 | 作物 | 井泉 | 灌溉地 | 向生态 | 蓄变量 |
|---|---|---|---|---|---|---|---|---|---|---|
| 1 | 989 | 6223 | 1507 | 217 | 164 | 3161 | 7000 | 0 | 65 | −1126 |
| 2 | 968 | 0 | 2400 | −404 | 164 | 6501 | 7000 | 0 | 11 | −10384 |
| 3 | 27740 | 0 | 11419 | −820 | 164 | 23684 | 18476 | 0 | −65 | −3591 |
| 4 | 40560 | 12142 | 16736 | −1145 | 164 | 29108 | 24043 | 0 | −151 | 15457 |
| 5 | 8355 | 7327 | 3100 | 1312 | 164 | 40658 | 10510 | 0 | −172 | −30739 |
| 6 | 2451 | 34009 | 551 | −719 | 164 | 39107 | 8070 | 0 | −160 | −10559 |
| 7 | 1500 | 75206 | 187 | 4154 | 164 | 41361 | 7638 | 0 | −169 | 32381 |
| 8 | 177 | 31050 | −329 | 3289 | 164 | 41026 | 7000 | 0 | −189 | −13485 |
| 9 | 456 | 29997 | 1115 | 4218 | 164 | 28723 | 7000 | 0 | −244 | 471 |
| 10 | 611 | 25383 | 2604 | 7116 | 164 | 10453 | 7000 | 0 | −362 | 18787 |
| 11 | 852 | 0 | 3832 | 95 | 164 | 7888 | 7000 | 0 | −406 | −9539 |
| 12 | 955 | 0 | 3901 | 957 | 164 | 5381 | 7000 | 0 | −392 | −6013 |
| 合计 | 85615 | 221336 | 47024 | 18269 | 1970 | 277050 | 117737 | 0 | −2235 | −18339 |

灌溉地的地下水平衡中（表 6.16），补给项分别为地下水侧向入流（2%）、土壤水下渗补给（42%），渠系渗漏对地下水的补给（40%）、河道渗漏对地下水的补给（16%），共 8.8 亿 m³。消耗共 13.7 亿 m³，分别为潜水蒸发（16%）、地下水开采（86%）以及向生态区的迁移（−2%）。蓄变量为较大的负数，−4.96 亿 m³。

表 6.15　位山灌区 2000 年灌溉地土壤水平衡（单位：万 m³）

| 月份 | 灌溉 | 降雨 | 渠系渗漏补给 | 河道渗漏补给 | 潜水补给 | 作物消耗 | 土壤水渗漏 | 蓄变量 | 土壤含水量 |
|---|---|---|---|---|---|---|---|---|---|
| 初始值 | | | | | | | | | 126662.40 |
| 1 | 989 | 6223 | 377 | 54 | 1388 | 3161 | 0 | 5870 | 132532 |
| 2 | 968 | 0 | 600 | −101 | 1598 | 6501 | 0 | −3436 | 129096 |
| 3 | 27740 | 0 | 2855 | −205 | 2549 | 23684 | 0 | 9255 | 138351 |
| 4 | 40560 | 12142 | 4184 | −286 | 2786 | 29108 | 10340 | 19937 | 158288 |
| 5 | 8355 | 7327 | 775 | 328 | 3539 | 40657 | 3417 | −23750 | 134538 |
| 6 | 2451 | 34009 | 138 | −180 | 3614 | 39106 | 0 | 926 | 135465 |
| 7 | 1499 | 75206 | 47 | 1039 | 2371 | 41361 | 10956 | 27845 | 163309 |
| 8 | 177 | 31050 | −82 | 822 | 1626 | 41026 | 155 | −7587 | 155722 |
| 9 | 456 | 29997 | 279 | 1055 | 1947 | 28723 | 301 | 4710 | 160431 |
| 10 | 611 | 25382 | 651 | 1779 | 329 | 10453 | 10271 | 8029 | 168461 |

续表

| 月份 | 灌溉 | 降雨 | 渠系渗漏补给 | 河道渗漏补给 | 潜水补给 | 作物消耗 | 土壤水渗漏 | 蓄变量 | 土壤含水量 |
|---|---|---|---|---|---|---|---|---|---|
| 11 | 852 | 0 | 958 | 24 | 0 | 7888 | 759 | −6813 | 161648 |
| 12 | 955 | 0 | 975 | 239 | 82 | 5381 | 609 | −3738 | 157909 |
| 合计 | 85615 | 221336 | 11756 | 4567 | 21830 | 277050 | 36806 | 31247 | |

**表 6.16　位山灌区 2000 年灌溉地地下水平衡**（单位：万 m³）

| 月份 | 渠系渗漏补给 | 地下水侧向入流 | 土壤渗漏补给 | 河道渗漏补给 | 潜水蒸发 | 地下水侧向出流 | 井泉出流 | 灌溉地排水 | 向生态迁移 | 蓄变量 |
|---|---|---|---|---|---|---|---|---|---|---|
| 1 | 1130 | 164 | 0 | 163 | 1388 | 0 | 7000 | 0 | 65 | −6995 |
| 2 | 1800 | 164 | 0 | −303 | 1598 | 0 | 7000 | 0 | 11 | −6948 |
| 3 | 8564 | 164 | 0 | −615 | 2549 | 0 | 18476 | 0 | −65 | −12845 |
| 4 | 12552 | 164 | 10340 | −859 | 2786 | 0 | 24043 | 0 | −151 | −4481 |
| 5 | 2325 | 164 | 3417 | 984 | 3539 | 0 | 10510 | 0 | −172 | −6989 |
| 6 | 413 | 164 | 0 | −539 | 3614 | 0 | 8070 | 0 | −160 | −11486 |
| 7 | 140 | 164 | 10956 | 3116 | 2371 | 0 | 7638 | 0 | −169 | 4536 |
| 8 | −247 | 164 | 155 | 2467 | 1626 | 0 | 7000 | 0 | −189 | −5898 |
| 9 | 836 | 164 | 301 | 3164 | 1947 | 0 | 7000 | 0 | −244 | −4238 |
| 10 | 1953 | 164 | 10271 | 5337 | 329 | 0 | 7000 | 0 | −362 | 10758 |
| 11 | 2874 | 164 | 759 | 71 | 0 | 0 | 7000 | 0 | −406 | −2726 |
| 12 | 2926 | 164 | 609 | 718 | 82 | 0 | 7000 | 0 | −392 | −2274 |
| 合计 | 35268 | 1970 | 36806 | 13702 | 21830 | 0 | 117737 | 0 | −2235 | −49586 |

### 3. 非灌溉地水量平衡与耗水

位山灌区的生态区耗水共 1.1 亿 m³。补给主要来自有效降水（75%）以及灌溉地向生态区的迁移（−16%），其余渠系、河道渗漏对生态区的补给占 40%，地下水侧向流入很少，不足 1%，共 1.4 亿 m³。蓄变量为 0.3 亿 m³。生态区的土壤水平衡中，进入生态区土壤的水量共 1.6 亿 m³，土壤水消耗共 1.4 亿 m³，蓄变量为 0.2 亿 m³。生态区的地下水平衡中，补给共 0.5 亿 m³。消耗共 0.4 亿 m³，蓄变量为 0.1 亿 m³。

位山灌区的荒地耗水共 0.5 亿 m³，主要来自有效降水（84%），渠系对荒地的补给占 15%，地下水侧向流入很少，不足 1%，共 1 亿 m³。蓄变量为 0.5 亿 m³。荒地的土壤水平衡中，进入荒地土壤水量共 1 亿 m³，土壤水消耗共 0.6 亿 m³，蓄变量为 0.4 亿 m³。荒地的地下水平衡中,补给共 0.2 亿 m³。消耗共 0.13 亿 m³,蓄变量为 0.07 亿 m³。

位山灌区的洼地湿地耗水共 3432 万 m³,基本全部来自有效降水,共 3467 万 m³。蓄变量为 35 万 m³。洼地湿地的土壤水平衡中,进入洼地湿地土壤的水量共 5534 万 m³,土壤水消耗共 5480 万 m³,蓄变量为 54 万 m³。洼地湿地的地下水平衡中,补给共 2044 万 m³,消耗共 2063 万 m³,蓄变量为 −19 万 m³。

## 6.5　位山灌区节水改造模式模型模拟与探讨

分别考虑不同的渠系水利用系数(0.3、0.4、0.5、0.6、0.8、1.0)、不同的地下水开采量(无开采、5 亿 m³、7 亿 m³、11.8 亿 m³、15 亿 m³、20 亿 m³)、不同的引黄水量(5 亿 m³、7 亿 m³、9.2 亿 m³、10 亿 m³、15 亿 m³),进行不同来水保证率(2000年,20%、50%、75%、95%,对应的降水量分别为 672.3mm、547.7mm、460.0mm、350.8mm)下的情景分析,重点分析不同情景下的灌区耗水与地下水模拟结果。

### 6.5.1　位山灌区渠系水利用系数分析

#### 1. 现状条件下不同渠系水利用系数下灌区耗水

只改变渠系水利用系数,其他与现状条件保持不变,不同渠系水利用系数下的灌区总体耗水与引排差(来水−排水)如图 6.8 所示,各类土地利用类型上的耗水如图 6.9 所示。

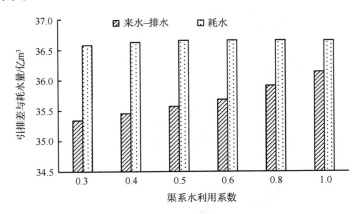

图 6.8　位山灌区不同渠系水利用系数来水−排水和耗水变化

随着渠系水利用系数的提高,灌区排水减少,因此引排差(来水−排水)呈上升趋势;随着渠系水利用系数的增加,不同土地利用类型的耗水几乎没有变化,这主

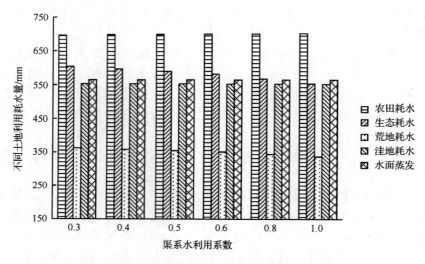

图 6.9　位山灌区不同渠系水利用系数耗水分布变化

要是由于现状条件下供水充足,增加渠系水利用系数不能增加农田耗水量。一般认为,农作物产量与耗水量正相关,在其他条件不变的情况下,单纯的提高渠系水利用系数,并不能提高粮食产量,灌区效益增加值并不显著。

2. 现状条件下不同渠系水利用下的地下水埋深变化

图 6.10、图 6.11 分别为不同土地利用类型下不同渠系水利用系数对应的地下水埋深。随着渠系水利用系数的提高,灌溉地的地下水位有所升高,而生态等非灌溉地的地下水位呈下降趋势。

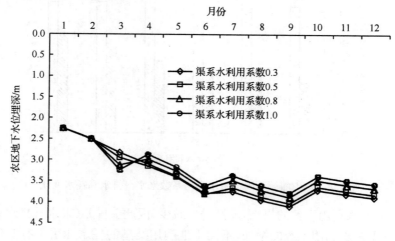

图 6.10　位山灌区不同渠系水利用系数灌溉地地下水埋深变化

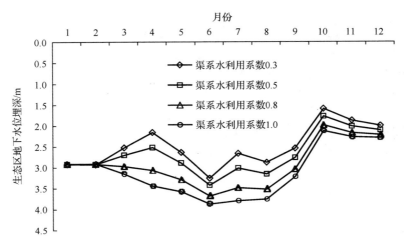

图 6.11　位山灌区不同渠系水利用系数生态区地下水埋深变化

### 3. 各情景综合分析

对应不同的渠系水利用系数,年末与年初的灌区平均地下水埋深变幅与土壤水利用系数模拟结果如表 6.17 所示。

表 6.17　位山灌区 2000 年平均地下水变幅与土壤水利用系数

| 渠系水利用系数 | | 0.3 | 0.5 | 0.6 | 0.8 | 1.0 |
| --- | --- | --- | --- | --- | --- | --- |
| 地下水变幅/m | 2000 年 | −0.21 | −0.21 | −0.21 | −0.20 | −0.20 |
| | 丰水年 | −0.08 | −0.06 | −0.06 | −0.05 | −0.05 |
| | 平水年 | 1.14 | 1.14 | 1.14 | 1.14 | 1.13 |
| | 枯水年 | 1.57 | 1.56 | 1.56 | 1.56 | 1.54 |
| | 特枯年 | 1.61 | 1.62 | 1.62 | 1.64 | 1.64 |
| 土壤水系数 | 2000 年 | 0.99 | 0.99 | 0.99 | 0.99 | 0.99 |
| | 丰水年 | 0.99 | 0.99 | 0.99 | 0.99 | 0.99 |
| | 平水年 | 0.98 | 0.98 | 0.98 | 0.98 | 0.99 |
| | 枯水年 | 0.97 | 0.97 | 0.97 | 0.97 | 0.97 |
| | 特枯年 | 0.90 | 0.90 | 0.90 | 0.90 | 0.90 |

从丰水年到枯水年,地下水位下降趋势明显,土壤水系数也呈减少趋势,表明作物供水受到影响。不同渠系水利用系数之间的地下水变幅与土壤水系数差异较小,原因是灌区土地利用主要是农田,渠系渗漏主要补充了农田土壤水与地下水。本研究中未进一步分区,因此无法反映提高渠系水利用系数对保障灌溉的意义。

### 6.5.2　位山灌区地下水开发利用分析

每个水平年共模拟了地下水开采量分别为 0、5 亿 m³、10 亿 m³、15 亿 m³、20 亿 m³ 五种情景,据此分析减少或扩大地下水开采量对灌区可能带来的影响。

#### 1. 不同地下水开采量下灌区耗水

不同地下水开采量下的灌区总体耗水与引排差(来水－排水)如图 6.12 所示,各类土地利用类型上的耗水如图 6.13 所示。

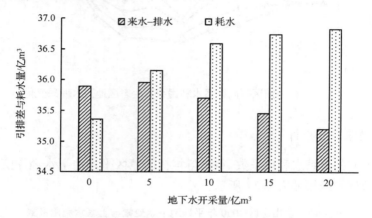

图 6.12　位山灌区不同地下水开采量来水—排水和耗水变化

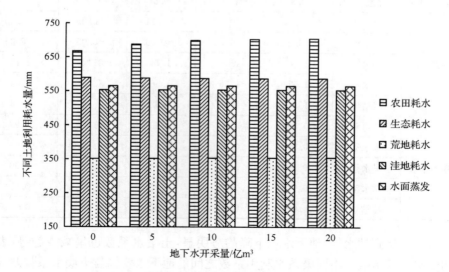

图 6.13　位山灌区不同地下水开采量耗水分布变化

从图 6.12 中可以看出,灌区的引排差(来水－排水)水量下降趋势明显,这是由于在模型中,井泉出流作为水量转化消耗的中间过程,最终相当一部分作为排水排到了区外,因此排水量的持续增大造成了灌区引排差减小,同时由于进入农田水量增加,农田耗水有所增加。

**2. 不同地下水开采量下的地下水埋深变化**

图 6.14、图 6.15 分别为不同土地利用类型下不同地下水开采量对应的地下水埋深。随着地下水开采量的增加,灌区内部的灌溉地和非灌溉地地下水水位都在持续下降中。

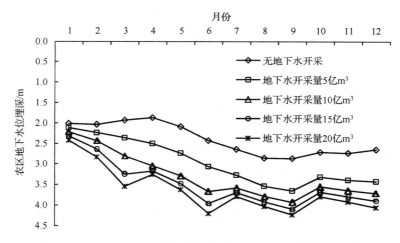

图 6.14　位山灌区不同地下水开采量灌溉地地下水埋深变化

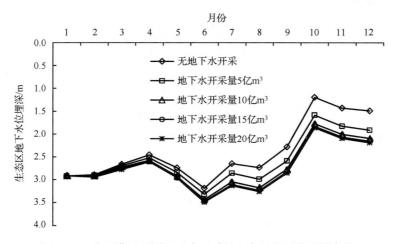

图 6.15　位山灌区不同地下水开采量生态区地下水埋深变化

### 3. 各情景综合分析

对应不同的地下水开采量,年末与年初的灌区平均地下水埋深变幅与土壤水利用系数模拟结果如表 6.18 所示。

**表 6.18　不同地下水开采量的模拟结果**

| 地下水开采量/亿 m³ | | 5 | 7 | 11.8 | 15 | 20 |
|---|---|---|---|---|---|---|
| 地下水变幅/m | 2000 年 | −0.43 | −0.36 | −0.21 | −0.12 | 0.02 |
| | 丰水年 | −0.42 | −0.30 | −0.06 | 0.07 | 0.25 |
| | 平水年 | 0.59 | 0.77 | 1.14 | 1.34 | 1.55 |
| | 枯水年 | 0.70 | 0.96 | 1.56 | 1.96 | 2.41 |
| | 特枯年 | 0.71 | 0.99 | 1.62 | 2.04 | 2.58 |
| 土壤水系数 | 2000 年 | 0.98 | 0.99 | 0.99 | 0.99 | 0.99 |
| | 丰水年 | 0.98 | 0.98 | 0.99 | 0.99 | 1.00 |
| | 平水年 | 0.97 | 0.98 | 0.98 | 0.99 | 0.99 |
| | 枯水年 | 0.94 | 0.95 | 0.97 | 0.97 | 0.98 |
| | 特枯年 | 0.84 | 0.86 | 0.90 | 0.92 | 0.95 |

地下水埋深与土壤水系数随降水量的变化与前一致。随着地下水开采量的增加,地下水水位呈下降趋势,土壤水系数呈增加趋势,说明开采地下水起到了保障农作物需水的作用。在平水年,按照 2000 年的地下水开采量,地下水位每年下降约 1m。

### 6.5.3　位山灌区引黄水量分析

对应不同的引黄水量,年末与年初的灌区平均地下水埋深变幅与土壤水利用系数模拟结果如表 6.19 所示。可以看出,随着引黄水量的减少,地下水水位下降,土壤水系数减小,表明引黄水量对位山灌区的水资源供给极为重要。根据黄河分水指标,位山灌区的引黄水量为 6.8 亿 m³。随着黄河水资源统一调度的日益加强,以及小浪底运行后的影响,位山灌区的引黄水量将受到制约,需要进一步探讨在引黄水量受到限制的条件下保持位山灌区可持续发展的模式。

**表 6.19　不同引黄水量的数模拟结果**

| 引水量/亿 m³ | | 5 | 7 | 9.2 | 10 | 15 |
|---|---|---|---|---|---|---|
| 地下水变幅/m | 2000 年 | 0.90 | 0.37 | −0.21 | −0.43 | −1.02 |
| | 丰水年 | 0.97 | 0.48 | −0.06 | −0.27 | −0.86 |
| | 平水年 | 2.10 | 1.64 | 1.14 | 0.96 | −0.07 |
| | 枯水年 | 2.29 | 1.94 | 1.56 | 1.43 | 0.68 |
| | 特枯年 | 2.29 | 1.98 | 1.62 | 1.49 | 0.65 |
| 土壤水系数 | 2000 年 | 0.98 | 0.99 | 0.99 | 0.99 | 1.00 |
| | 丰水年 | 0.98 | 0.99 | 0.99 | 0.99 | 1.00 |
| | 平水年 | 0.98 | 0.99 | 0.98 | 0.98 | 0.99 |
| | 枯水年 | 0.95 | 0.96 | 0.97 | 0.97 | 0.98 |
| | 特枯年 | 0.87 | 0.89 | 0.90 | 0.91 | 0.93 |

# 6.6　小　　结

　　构建了用于评价灌区节水改造环境效应的四水转化模型,以新疆叶尔羌灌区和山东位山灌区为例,分析研究了西北干旱区及引黄灌区节水改造对水循环的影响,得到了基于生态健康和环境友好的灌区节水改造模式。主要结论如下:

　　(1)根据灌区水资源转化的关系,构建了用于评价灌区节水改造环境效应的四水转化模型。该模型考虑分区之间的水量输入和排出的关系,每一个分区内由河道、水库、井、泉、灌溉地、非灌溉地等单元组成。灌溉地和非灌溉地的耗水与大气蒸发能力有关,是模拟的重点;灌溉排水渠系网络把各单元联系起来,主要起输水作用,渠系网络输水过程中亦存在水量转化。灌溉引水由实际情况或按照模拟任务的要求确定;考虑分区间,分区与区外,分区与河道的地表水和地下水的交换;根据模拟分析的任务要求,模拟分析的时段可以是月、旬,甚至为日,进行动态的连续模拟,为此必须考虑地下水和土壤水的调蓄作用。模拟时以时段作水量平衡计算,考虑了水分循环的动态规律。

　　(2)对叶尔羌灌区不同地下水利用(开采)量(渠系水利用系数 0.45)和不同的渠系水利用系数(地下水利用量 7 亿 m³)分别进行了平原绿洲水量转化和消耗的模拟与分析。结果表明,地下水开采量和渠系水利用系数对绿洲内耗水分配有重要影响。地下水开采量增加、渠系水利用系数提高的直接结果是增加灌溉的可耗水量,灌溉面积不变即提高其耗水水平(单位面积的耗水量、mm/年),耗水水平不变则可扩大灌溉面积;与此同时,相应地减少了绿洲内自然生态的耗水量与其耗水水平。研究结果进一步表明,对叶尔羌河平原绿洲,适宜的地下水开采量(包括泉水利用)约 8 亿～10 亿 m³,渠系水利用系数不宜超过 0.55,灌溉面积控制在 850 万亩以下,以 800 万亩左右为宜。

(3) 模型对位山灌区的现状模拟表明,灌区主要水源是降水与引黄水,水资源供给相对充足。对位山灌区情景分析表明,渠系水利用系数对整个灌区的水量平衡影响不显著,地下水开采的增加有助于保证农作物供水,同时也引起地下水位下降;引黄水量的减少引起地下水位下降,并影响农作物供水。对位山灌区,引黄河水量 7 亿 m³、地下水开采量 7 亿 m³、渠系水利用系数为 0.6 的组合对灌区较为适宜。

## 参 考 文 献

[1]　汤秋鸿. 干旱区平原绿洲耗散型水文模型研究. 北京:清华大学,2003.
[2]　胡和平,汤秋鸿,雷志栋,等. 干旱区平原绿洲散耗型水文模型——Ⅰ模型结构. 水科学进展,2004,15(2):140-145.
[3]　汤秋鸿,田富强,胡和平. 干旱区平原绿洲散耗型水文模型——Ⅱ模型应用. 水科学进展,2004,15(2):146—150.
[4]　黄聿刚,丛振涛,雷志栋,等. 新疆麦盖提绿洲水资源利用与耗水分析——绿洲耗散型水文模型的应用. 水利学报,2005,36(9):1062—1066.
[5]　黄聿刚. 干旱区绿洲四水转化模型及其应用. 北京:清华大学,2005.
[6]　清华大学水利水电工程系,叶尔羌河流域管理处勘测设计院. 叶尔羌河平原绿洲耗水研究,2005.
[7]　雷志栋,倪广恒,丛振涛,等. 干旱区绿洲水资源可持续利用中的几个热点问题的认识. 水利水电技术,2006.37(2):31—33.
[8]　雷志栋,杨汉波,倪广恒,等. 干旱区绿洲耗水分析. 水利水电技术,2006,37(1):15—20.
[9]　聊城市水文水资源勘测局. 聊城市水资源调查评价,2004.
[10]　聊城市水利局. 聊城市水利发展"十一五"规划报告,2005.
[11]　王晶. 山东省聊城市水资源综合规划. 北京:清华大学,2005.
[12]　杨静. 位山灌区四水转化模型模拟研究. 北京:清华大学,2009.
[13]　丛振涛,杨静,雷慧闽,等. 位山灌区四水转化模型模拟研究. 人民黄河,2011,33(3):70—72.

# 第 7 章 结论与建议

## 7.1 主要结论

### 7.1.1 灌区节水改造对农田水循环及农业水土环境的影响

(1) 开展了渠道渗漏室内外试验及数值模拟研究,得到了渠道不同衬砌条件及不同渠床土壤质地条件下灌溉水入渗过程;根据土壤水动力学原理,提出了计算多层土壤稳定入渗率的饱和层最小通量法。

(2) 发展了基于 GIS 和 FEFLOW 的干旱绿洲区地下水动态模型,模型中将渠道作为地下水的线源来处理,有效地反映了渠道渗漏对地下水补给的时空变化;运用所建模型模拟了研究区不同节水改造方案下的地下水时空动态变化,可为干旱内陆区灌区节水改造提供一定的参考。

(3) 对典型节水改造实施灌区(内蒙古河套灌区)区域土壤水盐、地下水盐进行了定位观测,从农田尺度上得到灌区节水改造(渠道衬砌)对土壤水盐及地下水盐的影响规律;结合已有长系列定位监测资料,分析研究了大尺度(灌域)地下水位、土壤盐分对灌区节水改造的响应规律。

(4) 在干旱内陆区开展了(微)咸水节水灌溉试验研究,研究得到了西北旱区主要作物春小麦、春玉米(微)咸水节水灌溉条件下及含盐土壤节水灌溉条件下土壤水分运动及盐分累积规律及作物响应、水分利用效率;应用率定后的 SWAP 模型,对不同灌溉方案下春小麦、春玉米的农田土壤水分与盐分平衡要素、产量、土壤含水率和土壤盐分含量进行模拟分析和长期预测,得到了该地区春小麦和春玉米适宜的咸水非充分灌溉制度。

### 7.1.2 灌区节水改造对水稻水肥利用率的影响及其调控技术

(1) 通过室内及田间试验,分析了水稻的水肥耦合效应与机理,研究提出了水稻高效利用水肥的灌溉及施肥(氮)管理模式:适量施肥模式、较高施肥条件下的浅灌深蓄模式和较低施肥条件下的浅勤灌溉模式。

(2) 采用水稻生产模型 ORYZA2000 以及田间尺度水文模型 DRAINMOD 6.0 模拟了不同灌溉、排水处理和施肥水平与农田 N 损失量的动态响应关系;提出了可以达到最佳的节水节肥、高产高效、生态优良和环境健康等效果的水肥管理模式。

（3）以 SWAT 为基础,构建了适合南方灌区水量转化及作物产量模拟的修正 SWAT 模型;并利用试验观测数据对模型进行了率定和验证;采用改进后的 SWAT 模型,分析评价了不同节水改造方案下节水实施效果。

### 7.1.3　灌区节水改造环境效应评价方法

（1）将灌区节水改造的环境效应划分为灌区水环境、灌区土环境、灌溉系统效率、灌区生态环境和节水与环保意识 5 个方面,建立了包含 18 个评价指标的灌区环境影响评价指标体系,基于层次分析法的基本理论,构建了灌区节水改造环境影响评价模型和指标权重确定方法。

（2）针对灌区水循环监测数据缺乏的问题,提出了基于"3S"技术和水平衡分析模型确定灌区水环境参数的信息采集方法;采用上述方法分析了华北井灌区——北京大兴井灌区和西北渠灌区——河套灌区解放闸灌域的水循环要素,计算了灌区水环境影响评价指标及其阈值。

（3）研制了开放式的灌区节水改造环境效应综合评价系统,已成功应用于北京大兴区井灌区及内蒙古河套灌区灌区节水改造的环境效应评价中。

### 7.1.4　基于生态健康和环境友好的灌区节水改造模式

（1）通过对平原灌区按其用水的特点和要求进行分区,在充分考虑分区之间的水量输入和排出的关系的基础上,构建了用于评价灌区节水改造环境效应的四水转化模型。所建模型中,灌溉地考虑土壤水和地下水的调蓄和转化关系,非灌溉地重点考虑地下水的调蓄与转化。

（2）以新疆叶尔羌灌区和山东位山灌区为例,分别研究了西北干旱区及引黄灌区节水改造对水循环的影响,进而得到了基于生态健康和环境友好的灌区节水改造模式(渠系水利用系数和地下水的适宜开采量)。研究结果表明,对叶尔羌河平原绿洲,适宜的地下水开采量(包括泉水利用)约 $8\sim10$ 亿 $m^3$,渠系水利用系数不宜超过 0.55,灌溉面积控制在 850 万亩以下、以 800 万亩左右为宜。对位山灌区,引黄河水量 7 亿 $m^3$、地下水开采量 7 亿 $m^3$、渠系水利用系数为 0.6 的组合对灌区最为适宜。

## 7.2　存在不足及建议

由于灌区节水改造对环境影响的过程极其复杂,而且具有很大的地区差异性及时间滞后性,本课题在研究过程中还存在如下不足:

（1）灌区节水改造的内容主要包括工程措施(渠道衬砌、土地平整、现代节水设备应用、非充分灌溉、劣质水灌溉技术等)、农艺措施(耕作和施肥、地膜覆盖等)

和管理措施。本研究仅针对北方的渠道衬砌、咸水非充分灌溉、南方灌区的节水灌溉等方面开展研究工作,其所得成果有一定的局限性。在后续的研究中,应对其他方面的节水改造措施产生的效应进行深入研究。

(2) 灌区节水改造的环境效应在广义上包括农田水循环、水土环境及农业生态等,且在不同尺度(农田、区域)上的结果有所差别。由于研究手段的限制,仅对灌区节水改造对农田水循环、盐分累积、水肥利用等方面进行了研究,没有涉及农田生态。随着对灌区生态环境认识的深入及研究手段的完善,应在以后的研究中专门对灌区生态开展研究。

(3) 我国幅员辽阔,不同地域灌区节水改造的环境效应具有很大的差异性。由于受经费和时间受限制,本研究开发的“灌区节水改造环境效应评价系统”只建立了针对华北井灌区和西北渠灌区两套系统,使所开发的系统在应用方面受到限制。